读行动家

UNREAD

ÊTRE
À
SA
PLACE

Claire Marin
［法］克莱尔·马琳 著
吴芳 译

我们
为何渴望
安稳
却又
想要逃离？

关于
身份认同
与
自我实现的
心理探索

贵州出版集团
贵州人民出版社

图书在版编目（CIP）数据

我们为何渴望安稳，却又想要逃离？/（法）克莱尔·马琳著；吴芳译. -- 贵阳：贵州人民出版社，2025.
2. -- ISBN 978-7-221-18937-0

Ⅰ. B821-49

中国国家版本馆CIP数据核字第20248KM168号

Originally published in France as:
Être à sa place by Claire Marin
© Editions de l'Observatoire / Humensis，2022
Current Chinese translation rights arranged through Divas International, Paris
巴黎迪法国际版权代理 (www.divas-books.com)
Simplified Chinese Translation copyright © 2025 by
United Sky (Beijing) New Media Co., Ltd.
All rights reserved.

著作权合同登记号 图字:22-2024-151 号

我们为何渴望安稳，却又想要逃离？
WOMEN WEIHE KEWANG ANWEN, QUEYOU XIANGYAO TAOLI？

[法] 克莱尔·马琳 / 著
吴芳 / 译

出 版 人	朱文迅
选题策划	联合天际
责任编辑	左依祎
特约编辑	李明佳
封面设计	奇文云海

出　　版	贵州出版集团　贵州人民出版社
发　　行	未读(天津)文化传媒有限公司
地　　址	贵州省贵阳市观山湖区会展东路 SOHO 公寓 A 座
邮　　编	550081
电　　话	0851-86820345
网　　址	http://www.gzpg.com.cn
印　　刷	大厂回族自治县德诚印务有限公司
经　　销	新华书店
开　　本	787 毫米 × 1092 毫米　1/32
印　　张	7.75
字　　数	105 千字
版　　次	2025 年 2 月第 1 版
印　　次	2025 年 2 月第 1 次印刷
书　　号	ISBN 978-7-221-18937-0
定　　价	56.00 元

关注未读好书

客服咨询

本书若有质量问题，请与本公司图书销售中心联系调换
电话：(010) 52435752

未经许可，不得以任何方式
复制或抄袭本书部分或全部内容
版权所有，侵权必究

我渴望那些恒定不变、静谧无声、无迹可循、几乎不可触及、永恒如一、深植于心的所在；愿这些地方成为我们生活的坐标、起点和灵感之源。

——乔治·佩雷克《空间物种》

目录

你有自己的位置吗？　001

太阳下的一席之地　012

万物各得其所　022

背　离　032

那些无法站住脚的人　038

扎下根来　046

缩小的生命　055

空间测试　068

没有王国的女王　071

寻找你的声音　078

无畏的人　082

闯入的逻辑　087

混乱不清的位置　092

真正的地方　101

欲望的不和谐　109

漂流和溢出　120

双重人生　129

创造自己的空间　132

c o n t e n t s

内心的空间	135		
栖息在身体里	142		
此　地	149		
"快乐家庭"的游戏	154	流离失所的人	192
锯断"树枝"	160	身处错误的地方	202
音乐之椅	167	偶然在场	207
缺失的地方	173	候　鸟	212
为自己创造一个位置	180	声音包围圈	218
幽　灵	184	思考变迁	221
		位置之用何在？	225
		在边缘处	237

你有自己的位置吗？

一种怀旧式（虚假的）生活的替代方案，要么是深深地扎根于此时此地，找寻或缔造自己的根源，又或者从所处的空间中发掘出真正属于你的一席之地……一寸一寸地，逐步构建"自在之所"。

要简单地身背行囊，无牵无挂，在旅馆之间漂泊，不断地更换城市和国家，四海为家却又处处以他乡作故乡。

——乔治·佩雷克《空间物种》

我们认为，世界存在两种生活方式：一种是深耕于当下，一种是四海为家。世界上的人也分为两种：一种是脚踏实地的人，一种是如风般随性自由的人。有些人只有在自己所处的地方才能感到幸福，好像他们是由这个地方孕育和塑造出来的。而另一些人则只能流连于山巅，如过客般轻轻掠过、俯瞰，从未在一个地方或一段关系中深深扎根。后者就是乔治·佩雷克在书中向我们描绘的"选择一种怀旧式（虚假的）的生活"。正如蒙田所说，我们往往介于两种生活方式之间，不断摇摆，尽管有时候这种摇摆是潜在的、隐秘的，隐藏在我们内心深处，隐藏在我们思想的褶皱之中，但事实上，我们从未真正在某个地方停留，即使身未动，心却早已走远。

之所以说这种选择是"虚假的"，是因为在穿越生活这场漫长旅程时，我们要不时经过一些心理、社会层面、地域或政治上的中途站。事实上，我们从来都不会原地踏步，我们脚下的土地始终在移动。"生命是动荡的，我们脚下的土地在颤动。"我们从一个港口，驶向另一个港口，摆脱束缚，改换桅旗，选定航向，但海浪让我们摇摆不定，飓风让我们偏离方向，最终我们在未知的土地上搁浅。在这些颠簸与流离之中，我们最终会发现什么，没有人知道，甚至我们自己都无法预知。为什么写这本书呢？因为有时候我们会突然被要求离开我们自由选择且深感幸福的地方，在我们看来，这个位置是理所当然的、正当且应得的，当然也不能忽视有时候我们是被偶然抛到这个地方的。然而，当突如其来的一次事件或者一场灾难迫使我们流离失所，失去自己的位置时，我们会发现原来我们在这个地方如此受限，如此被禁锢。矛盾的是，这种被迫离开给我们更多的感觉是被解放，而不是被剥夺。或许我们所处的地方不一定就是那个最好的地方。

我们有时会接受被安排在一些比想象中更加限制我们自由的地方，这些地方极其有限，可我们却坚信这些地方就是为我们而准备的。那么，究竟是出于哪些原因和逻辑，让我们最终相信这个明显很小的地方就适合自己呢？

毫无疑问，这是因为我们对属于自己的地方充满了怀旧的渴望。这种怀旧是建立在对最初的地方的理想化之上的，这个地方与其说是经历过的，不如说是梦想过的，它让我们相信有一个"好地方"，一个适合我们的地方。借用佩雷克钟爱的一个比喻，在那里我们就像拼图中缺失的那一块一样努力融入其中。在这个位置上，我们个体的独特性得以展现，我们努力融入一个社会、一个家庭，一个我们所属或者渴望加入的群体。因为我们害怕丢掉这个地方，或者被取代，所以，我们满足于停留在当下所处的情感或关系空间里，尽管它们让我们受到约束，并不适合我们。我们将这个位置视作稳定和持续性的保证，毫无疑问，这个位置在一定程度上满足了我们对秩序、定义和个性的需求。

然而，位置是有等级之分的，会把人们分门别类、划分高低。倘若被强制安排在一个位置，便会致使人们不断地逃离和背弃。有些地方，无论从主观还是客观角度去看，都不适宜居住，根本无法生活。我们在那里无法呼吸。之所以逃离，是为了自我拯救或者重新找回展示自我的力量。或许，有时候仅仅是因为那里让我们感到不适、不自在，觉得这并非"正确的位置"。我们如同旋律中的错误音符、机器中的沙砾，又或是外来的闯入者，我们的言论或反应都被认为是"不合时宜"的。这些令人不悦的格格不入感，让我们萌生出逃往其他地方的念头，梦想着能去一些让我们安身立命，实现自我认可的地方，渴望过上与自我身份认同相符的生活。

"生活就是从一个空间移动到另一个空间，尽可能不相互碰撞"，但有时候，这种碰撞非常激烈。有形或无形的墙挡住我们的去路，将我们团团围住，禁锢多于保护。我们需要找到缺口，潜入其中，开辟道路，悄无声息地突破围城，走过小门，实现当代诗人们所说的"到位"。一个主体想要展示自我，就需要通过改变位置来实现，这同样也是一次超越自我的过程。然而，一些无形的建筑和标志阻挡了这一进程，比如红绿灯、玻璃天花板、逻辑的藩篱，等等。我们试图溜走,却撞上了紧闭的大门。这些空间密不透风,彼此隔绝,我们无法顺势从一个空间滑到另一个空间。我们需要不断向上攀登,打破牢笼和藩篱。又或者,采取更为谨慎的方式,学习解码,掌握特定的语言。

"我们保护自己,在四周筑起屏障。那扇大门,犹如一道坚固的壁垒,既阻挡着外部的侵袭,又分隔着彼此……我们无法从一个地方前往另一个地方……我们需要通行密码,需要跨越门槛,需要展示诚心。你需要交流,就如同囚犯渴望和外界沟通一样。"

离开有时是一种解脱,让我们逃离樊笼,冲破现实与精神上的阻碍。摆脱长期以来定义我们的地方,去寻找新的身份。然而,这一过程有时候会有一种背叛自我或者背叛别人希望我们成为的人的感觉。在这种改变位置的过程中,无论是自我决定的还是被迫的，总会伴有暴力和痛苦，哪怕只是象征性的。但是，其中也伴有实现解放的冲动和愉悦，以及体验生活在别处的兴奋感。

也许，人们有时甚至能体会到漂泊的乐趣。有些人故意让自己迷失方向，尝试冒险，逃离封闭、被定义的世界，逃往无限可能、开放自由的世界。我们并不是总能知道自己的目的地在哪里。不设定终点，或许就是我们实现的第一个自由。我们挣脱当下的社会规则，去尝试充满不确定性的生活。在毫无目标的情况下离开自己的位置，就像乔治·佩雷克所说的，"我们需要离开自己依赖的初始舒适区，抛弃自我的优越定位，因为这些定位如同城墙一般，将无限可能隔绝在外"。

或许，这种漂泊无依、浪迹四方的生活，最终仅仅意味着我们将永远无法到达远方。所有的地方都是临时的，动荡不断，每个人的身份和位置都面临重新分配。也许，在现实中，我们将永远深陷两难境地，处于两个不同时空、两种不同世界、两种不同自我存在方式之间。我们必须承认，每个地方都存在诸多困扰，包括社会层面的、政治层面的和情感层面的。我们更多的是处于移动状态，而非舒适地停留在一个永久的地方。有人将这种无所依、两极之间的状态，看作一种不稳定的、脆弱的平衡。然而，这种永远不自在、不安定的状态，不正是促使人们在不同文化、语言和生活方式之间探索的力量之所在吗？不正是这种波动、这种可塑性、这种成为其他人的特性，让我们真正实现了自由吗？

有时候，我们并不完全了解一个人内心的波澜、隐藏的激情和复仇的欲火，是如何搅动他，使他流离失所、驱使他前进的。我们对他的颤抖、想去的他方或成为他人的需要一无所知。情感的游移、亲密关系的混乱和摇摆、欲望导致的生活无序和动荡，这些迹象都是一个主体无法稳定下来的表象。他人的存在，也在持续地动摇我们、扰乱我们，让我们失去平衡。任由自己沉浸于强烈的激情之中，屈服于自己的放纵任性，便是冒着失去一切乃至覆灭的风险。冒险、下赌注或者内心波动将会导致一系列后果：丢掉以前拥有的一切，在情感的旋涡中抹杀掉所有。这就是内心不安定所付出的代价。

有些人会寻求一个地方，来规避这种不合规矩的行为，防止陷入内心动摇，避免这种冲击将我们摧毁。我们在自己周围筑起屏障。我们逐渐喜欢上自己所处的地方，习惯它、顺应它。我们开始习惯当下稳定而安逸的生活。我们的生活仿佛凝固了一般，我们觉得这样的生活是安稳的，我们为它们的恒定而感到庆幸。

"我们本该习惯自由地行动，而不需要为此付出代价。但是，我们并没有这么做，我们待在自己所属的地方，一切照旧……我们开始对自己的处境感到满意。"

正如佩雷克所言："我们忘记了移动。我们选择停留寻求稳定，沉浸在平静且熟悉的生活之中。我们用焦虑换来了稳固的立足点，毫无疑问，我们盲目地认为生活处于一种平衡状态，但实际上这种平衡十分脆弱，我们依然强烈地渴望找到或者重新寻回扎根当下的感觉。"诗人米修曾问道："你把脑袋放在哪里？"在他以此为题的诗歌中，他曾写道：只剩下苍穹，大地已然荒凉。尽管如此，我们仍然试图在内心寻找一个位置，用来安放我们时常感到无依无靠的身体，或者为其创造一个空间。我们让自己成为一个港湾、一个庇护所、一个安全之地。我们欢迎他人，照顾他人，这本身就是一种为他人创造空间的方式。

在不断变化的爱情、友情和亲情关系中，每个人各自的位置都会随着或喜或悲事件的组合而重组，随着依赖关系的形成或距离的拉开而不断配置。有些位置始终空闲着，那是因为它们已经成为记忆。有些位置则是缺失的，我们将在以后以另一种方式占据它们。位置的问题，也关乎报复、修复关系又或者和解。不管是别人，还是自己，抑或是漏洞百出的历史，出现空白总是会给人带来痛苦。我们并不总是能够填补这些空白，但是我们可以在空白的边缘处书写新的内容。而书写在边缘一侧的内容，同文章正文一样，是个人重新富有意义、反思和远离权威的空间。在文章空白处书写，就是让自己的呼声被听到，这个声音首先在边缘处得到肯定，但有一天可能会成为文本的核心。

太阳下的一席之地

我注视着这只蜥蜴。它总是回到这个我们共同拥有的地方。和我一样,它栖息在中午时分会被太阳晒得热乎乎的白色石板上。它静静躺着,一动不动。我们两个都被温暖所包围。我们都在晒太阳,我们什么都不做,只是闭着眼睛,享受着暖阳。我们满足于当下。此时此刻只是我生活的小插曲,但对蜥蜴来说,它只是完美地做着自己,这些只是它纯粹的日常。谁能如它一般完美展现自己的身份,做到行动和身份的完美契合呢?这是它作为动物的特权,还是说它生活"贫乏无趣"呢?海德格尔在《形而上学的基本概念》一书中,也对这种生活方式进行了反思,他拒绝将人类和蜥蜴晒太阳进行对比,他认为，蜥蜴并不会同人类一样晒太阳。人类可以为沐浴阳光而欢喜，可以思考天体物理学问题。而蜥蜴与阳光的关系只有一种，那就是它是阳光的囚徒。蜥蜴"在世界上是很可怜的"，因为它被困在自己所处的环境之中，而这个环境如同一根无法扩张也不会缩小的管道一般。所以，在一种简单的生活中寻找自己的位置，就意味着要在某种程度上满足于一个有限的世界、一种受局限的生活方式，意味着要被迫按照有限的姿势、态度和行为同世界建立联系。那种乌托邦式悠闲生活的梦想就此破碎。或许就像某些哲学家所认为的那样，人类的幸运之处，恰恰在于世界不是预设的，人类可以离开自己所处的环境四处移动，去了解其他世界。我们在阳光下的位置只是临时的，我们的影子随着时间的流逝而转移，而人类，与大多数动物不同，总是被其他的"太阳"所吸引。也许我们是一种更倾向于迁徙而不是扎根的生物。

这片露台上的阳光之地无疑是我最喜欢的地方

之一。但在这一刻,我感觉自己像是悬浮着,这个地方并没有对我做出任何具体的描述,也没有以一种独特的方式定义我,将我与他人区分开来。有些地方,我期待的不是它们让我扎根,而是它们能让我解放,让我暂时摆脱自我,从一连串的思考和预期行动中抽离出来。这里是悬浮之所,是超脱的绿洲。在这个地方,我忘记了自己,融入环境之中。

我们是否应该依赖于具体意义上的地点和空间(比如卧室、房子、家庭、森林、大自然),来团结我们,使我们走到一起?某些地方之所以被称作"场所",是因为从本体论角度来说,它们具有一种力量,让我们重新聚焦于自己、展露自己。或许是因为它们起到了某种"重要保护区"的作用,成为保护我们免受外部侵害和保持真实本性的堡垒。又或者,是因为这些场所将我们刻画进一段历史、一种血脉传承,而这些地方正是这些历史和传承的具体、外在体现。从这种意义上来说,对空间问题展开思考,不仅仅是出于美学或者实用的需要。探索我们与空间的关系，也是一个身份认同的哲学问题。建造或者摧毁某个空间，相应地意味着实现或者阻止某些生活轨迹，而这些生活轨迹往往又是通往某种生活方式的开端。事实上，这些地方并非无关紧要：它们通过一些许可或者禁止的行为，把我们锁定在我们所处的位置，或者向我们展示我们可以占据的位置。

我们所处的空间绝非中立或者虚无的存在，也并非任由我们书写的空白纸张。我们被空间所框定，所限制，受其氛围、色彩、秩序或无序的影响。随着空间的移动、转变和冲击，我们或是被惊扰，或是被鼓励，或是被迫移动。我们所处的地方并非无关紧要，它们在我们心中留下微妙的印迹。大地的味道、风的力量、炽热的阳光，这些围绕我们的能量和元素，或滋养或阻止我们的激情。每个人都应该在空间的隐含结构中找到自己的位置，融入所归属的领地。我们所处的空间成为我们的隐藏地、安全屋、避难所，它可以残酷地暴露我们，可以束缚我们，也可以将我们定罪处罚。事实上，我们所处的地方不再仅仅是一个简单的场所，更多是我们自己挖掘出来用以栖身的洞穴，是只属于我们自身的角落。

每个人都在寻找自己的家，那个我们可以不假思索、闭上眼睛也能自如移动的地方。我们的身体认识回家的路，我们甚至晚上都用不着点灯。我们用孩童般天真的方式看待我们的家：在我们眼中，家是一个充满安全感的地方，是一个哪怕在黑暗之中也不会磕磕碰碰的地方，是一个能保证我们睡眠和隐私的地方。我们一直在寻找这个如同母亲般环绕着我们、让我们团结的地方，"在人类生活中，家让我们远离琐事烦扰。没有家，人就会四散无依"。

当我们被限制在家里，或者被责令待在某个地方不得四处走动时，居住场所问题再度成为核心。在人类以为自己因技术而得到解放、能够自由迁徙的时代，我们又开始梦想小屋、巢穴、温馨的住所、舒适安心的家，能为我们提供不同的生活方式。我们对地方、居所和空间的探索永无止境。人们在寻找一个"居所"，从词源学来讲，"居"（résider）意味着停止移动。拉丁文"residere"的意思是让人坐下来，结束移动或者站立的举动。它指的是停下来、安定下来、不再迁徙和流浪。它也可以指下降，从一个更高的位置转移到一个更低的位置，包括坐下来、降低身姿。在拉丁语中，"residere"还可以用来描述山势下沉、水流平缓、火势渐小或者风力渐弱。"居"意味着处于一个更加平静、缓和的状态，也意味着失去当下生活中的激情、活力和强度。那么，我们是否应该像旋转的陀螺一样，保持一种原地踏步或仅微微偏移的运动状态呢？是否只有在这种旋转的不稳定平衡中，我们才能在追求一个属于自己位置的同时，又能保持不断移动的状态呢？

正如米歇尔·福柯所说的那样，在谈到"位置的问题"时，我们所处的地方并不是中立的。空间并非没有特质。正如他所说，"我们并不是生活在一个同质且空洞的空间里，相反，我们每个人生活的空间都充满了独特之处,可能满满都是奇幻"。我们对围绕我们的现实、物质和历史世界并不是漠不关心的。我们对所处的空间充满期待、希望和幻想。我们所处的位置凝聚着过去记忆与时间的碎片,或象征着可能的未来。它们会引发人类的欲望或者憎恶,有些会吸引我们,有些则会让我们忐忑不安。我们所经历的或者穿越的空间,在我们内心留下它们的印记,如同侵入皮肤的文身,又如同水果、香水或者童年时泥土的味道。

但是,在有些房子里,人们背负着沉重的过往,或者有时担心无家可归、居无住所。又或者,一些房子因屋顶破败,家里充斥着无形的暴力,把人从内部摧毁。这些房子让人充满不安和恐惧。有时候,房子当着我们的面轰然倒塌,房子的坍塌也是一个人内心的崩塌。

"我们生活的空间既不是连续的,也不是无限的,也不是同质的,更不是均质性的。但我们是否确切地知道它是在哪里开始断裂，在哪里开始弯曲，在哪里开始分离，又在哪里开始聚合的呢？"

在童话故事里，房子通常由一些物质拼接而成，比如稻草、木头或者砖块。在房子里，我们多少会感觉安全。从房子墙壁的精致程度，可以看出房主的生活是否富裕。而糖果屋则让我们面临被吃掉的风险。有时候，在儿童画册中，房子可以是云朵，象征着我们追求轻盈和温柔的梦想。我们可能将房子建造在树上，也可能梦想建在海底或者巨大的郁金香花朵里。人们永远梦想拥有别的房子，一座我们在里面不会磕磕碰碰的房子，一座能把我们紧紧包裹起来、让我们想起出生时襁褓一般的房子。但是，有时候我们也会遇到一些让人焦虑不安的房子，就像奥地利艺术家欧文·沃姆设计的那座软塌塌的房子，墙壁过于松软；或者像艺术家汉德瓦萨在维也纳的著名作品——汉德瓦萨之家一样，地板不稳固，墙壁不规则，到处都是斜角和曲线。在这样的环境中，人们很难不注意脚下而自由行走。在这些房子里，我们亲身感受到混乱不堪、无规律生活带来的不安。在这种环境里，我们只能摇摆，飘浮，随时保持着警惕。

那么，这种"属于自己的地方"的梦想是什么呢？是梦想有一个属于自己的居所，一个我们能融入其中的有序世界，一个有着既定位置、令人安心的现实吗？是在寻找一个不会质疑我们、不会让我们迷失的地方，一个因为熟悉而让生活变得更加轻松的专属之地吗？然而，我们也意识到这种熟悉感的双刃剑效应，它通过缺乏变化、重复性和不变的同一性，使我们的生命变得枯燥和贫瘠。我们被那种一致性带来的安逸所蒙蔽，被稳定性的假象所迷惑。我们清楚地看到，这两种模式是相互对立的。一种是将实际的或象征性的空间视为支撑我们身份的基石或基础。在这种模式下，我们自认为处于某个派系、某个血脉或者根植于某种系统之中，这种派系、血脉或系统让我们感到安心，让我们实现自我定位。但在另一种模式下,我们也可以像亨利·米修一样,在自己的领地内游走却又感到陌生;又或者像其他人一样,成为轻装上阵、无牵无挂的旅行者。正如亨利·米修在他的作品集《夜动》集,《我的庄园》一诗中所表达的,"像游牧民一样生活"。然而,正如同法国哲学家加斯东·巴什拉在《空间的诗学》中所警示的,"被关在外面"的风险仍然存在,他在书中曾明确说"监狱就在外部"。

万物各得其所

在那些瞬间，我梦想着自己拥有一个空白、完整的工作计划：每一项内容都恰到好处，没有一丝冗余，所有的铅笔都已削尖待命。

——乔治·佩雷克《思考与分类》

我们所处的空间被各种物品所填满，这一切背后遵循的是怎样的逻辑呢？那些在我们生活中占据一席之地的物品，是否带着某种偶然性和不可预测性？我们办公桌上随意摆放的物品，我们生命中不期而遇的人们，难道不都是偶然的产物吗？

在一个井然有序的世界里，我们能否像万物一样拥有自己的位置？万物真的各得其所吗？当我们的生活飘忽不定时，这样的设想只能提供一丝心灵的慰藉。将物品一一归位、分门别类、整顿有序，不过是我们在用最微小的努力，对抗着浩瀚无序、虚无和生活的荒诞。正如乔治·佩雷克在其著作《思考与分类》一书中所说，我们想要"整理我们的领地"。我们希望能够像整理书桌那样整理我们的生活。

"我很少随意地整理我的领地。这种整理往往伴随着某项工作的序幕或尾声；它出现在那些悬而未决的日子，当我还在犹豫是否要启动新的工作时，当我沉浸在自我封闭的活动中时：整理、分类、将物品排列得井井有条。在这些时刻，我幻想着自己面前展开的是一个全新的、完备的工作计划：每一项内容都恰到好处，没有一丝冗余，所有的铅笔都削得尖尖的，没有一张多余的纸张，只有一本摊开的笔记本，上面是一片空白的页面。"

我们梦想有一种秩序，万物各得其所，我们自己也各得其所。这种秩序下，一些可能性会爆发出来，就像新的想法从白纸上涌现出来一样。可我们的生活，就像我们的办公桌一样，很快就会被各种物品堆满，这些物品，或许是出于一时之需，或许是因为偶然的机遇，它们或短暂或长久地占据了我们生活的空间。

为什么整理对我来说如此艰难？也许正是因为与我们想当然的想法相反，所有东西都有几个可能的位置，而不是一个固定的归属。在我家，东西散落一地，它们不会像顽皮的孩童固守一隅。每样物品并不是注定拥有一个显而易见的正确位置。整理物品、将它们重新归位，总是会耗费我巨大的精力。整理物品有很多种不同的方式，包括整理衣橱、文件和书籍，等等。

虽然实用主义是整理物品中的重要因素，但这不足以解决所有问题。因为，不是所有物品的位置总是一目了然的，包括人的，也包括东西的。当然，人们往往在社会中已经有了自己的位置，至少从理论上讲，他们的位置取决于他们的地位、功能以及他们与我的关系。出生的机遇、环境、社会地位等因素，决定了我的姐妹、上司、朋友、邻居等在我"世界"中的位置。这个位置可能是主导性的、持久的，也可能恰恰相反，是脆弱的、暂时的、偶然的。

即使这种秩序是暂时的，即使它有可能被打破，我们还是需要它，就像我们需要那些由习惯构成的日常生活一样。但根据精神分析学家彭塔力斯的说法，秩序具有双重性：它既能带来安心，也能引发压抑。那些固守原地的事物往往静止不动。我们拥有的位置使我们得以维持一定的连续性，却也可能抑制我们内心的活力。于是，我们被诱惑着去打破规矩，哪怕只是一点点。我们把房间弄得一团糟。不管是成年人，还是小孩，总喜欢尝试去进行一场充满欢乐和新奇的叛乱，"在我们狭小的房间里，将世界搅得天翻地覆"。这一切，似乎都是为了让自己相信，我们所在的这个空间，并不能真正容纳我们的灵魂。

因为在某些情况下，我们的位置限制了我们，把我们冻结在不再属于我们的身份中。这个我们如此熟悉的位置，它还能真实地反映我们自身吗？它不就是我们曾经的记忆吗？谁没有因为还坐在孩子们的餐桌上而感到气愤（或者暗自高兴）呢？在这个家庭，在这个社会环境中，这个位置还是我的，或是已经成为我不再是的那个人的呢？

我们既因重复和习惯性地占据某个位置而感到安心，同时又对这种秩序的禁锢感到焦虑。我们对摇摆变化的秩序和随波逐流的自己感到不安，又对停滞不前而感到不满。我们与世界秩序以及每个人在其中的位置之间的这种矛盾关系，常常使我们摇摆不定，并对我们所居住的现实和象征性位置犹豫不决。因此，我们常常期待，通过改变一个地方，来引发、确认或者展现一个人内在的转变和内心的变化。

然而，秩序既是我们的分类者，也是我们的搅局者。我们对那些指定的位置持怀疑态度，它们规定了我们的行为，并预设了我们的行动。至于那些威胁要颠覆既定秩序、已建立的等级制度和主导权力的人，他们往往被命令"待在原地"，这些人一般被限制在一个较小、次要、较低等的空间。在夫妻关系、家庭或工作的等级体系中，女性、孩童、奴仆和基层工人的话语权往往是受到压制的。"待在原地"就是要我们保持沉默，不得谈论我们不该理解的话题，不得讨论与我们"不相干"的话题。而那些被命令"待在原地"的人，恰恰是那些已经在厨房之外、在生产线之外、在制造车间之外开始"眺望远方"的人。

我们可以想象一个万物皆有其位置的世界，但我们也应该警惕每个人的位置都被预先设定的世界。佩雷克指出，这种将人分类、预定秩序和指定位置的做法是极其粗暴的。他提醒我们，"在每个乌托邦背后，始终存在着一个伟大的整理归类计划：每个物件都有其特定的位置，每个位置都有与之对应的物件"。同时，这个乌托邦里，也不断上演着分类、打乱、移动、禁止变换位置的戏码，以及由此衍生出的活力、交流和相交。这种秩序让所有人分隔、彼此区别，以确保各自的边界不会交叉。如此一来，"万物各有其所"的观念变得使人焦虑。考虑设置位置，就是让每个人拥有一个固定的位置，将其关在一个囚笼里，就像历史悠久的自然博物馆里的一个展品一样，被贴上标签钉在墙上展出。同时，这也意味着不可能给人重新分配位置。"每个人都有自己的位置"也就意味着不再有空白的位置，不再有机遇，不再有差异性。

在这种一切都已固定不变的格局中，惊喜和意外几乎不可能发生。乌托邦世界的愿望就是要掌控所有空间，空间中发生的所有活动和行动，是以隐蔽的方式来展现出对秩序的渴望。而我们对所有人和物进行分类，就是为了掌控或自以为掌控了那些实际上已经超出我们控制范围的人和物。在乌托邦中，我们幻想着所有人与物的位置已经提前安排妥当。然而，所有位置的特性恰恰在于它们永远在不断移动、被移动，或者移动那些认为能够在那里安顿下来的人。

在这些有序、提前规划好的世界中，人们可能会误以为给予自己的位置反映了自身的个性或价值。但相反，每个人的独特性似乎在这种有序的安排中消失殆尽。想象这样一个如此规范的世界，无异于断言没有任何事物或者任何人是不可预测、无法分类、真正自由的，每个人最终都能归类到一些特定的清单、序列之中，个体特征被淡化，个人身份逐渐消失。正如佩雷克所说，接受"世界上没有任何事物能独特到可以不被列入序列"这一观点既令人振奋，又让人心生恐惧。

从词源学上讲，"序列"就是"边界"。我们通过制造序列为世界划定边界，为世界设定框架，为事物和生命赋予秩序，以防它们超越这些界限。我们通过划定边界，为自己营造一种全面掌控现实的错觉，仿佛我们能够代表其组织和结构。然而，每个"序列"仅仅代表一种视角，每个"序列"都构建了不同等级、优先顺序和隐含的价值观。每份清单都让我们暴露在等级、层次和"排名"的暴力之下，那些残酷的数字指定了你所处的地位，表面上代表了你的价值。这种简单粗暴的数字分类逻辑，取代了那种更加舒缓、精妙的认可价值的模式。在任何时候，我们都有可能发现自己被分类，发现自己的名字被列入某些"序列"，而我们在其中无法得到认同，我们被简化为一个标签或被预先设定了评判。

我在这些"序列"之中找寻我的名字，终于，我看到它了。我长舒一口气，因为我终于被列入某些"序列"，成为那些成功获得新位置的人中的一员。但为了在这些"序列"中占据一席之地，需要做出多少违背心意的行动，需要多少虚情假意，需要多少假惺惺的姿态，又或者需要多少伪装呢？也许成为一个不被列入"序列"的人会更好吧？

这些"序列"让我们对个体的独特性产生怀疑。我真的会因为自己出现在花花公子名单上而感到幸福吗？在花花公子长长的清单中，只要女性穿上"裙子"就被认为值得追求，成为这个清单中的千分之一，快乐又在哪里呢？在这个长长的被征服女性名单中，在这些各种阶层、各种外形、各种年龄的女人之中，我是谁？成为名单上的一员，成为"序列"中的一员，意味着我们是可被取代的，也意味着我们被困在一种秩序之中。你在"序列"之中又处于什么位置，是第一名，还是最后一名呢？在哪个"序列"中我们需要力争上游？何时我们又会更愿意安于末位？

背 离

我们可能会因为没有属于自己的位置而感到痛苦，同时，我们也可能因为看到自己的位置早早就被规划好了而感到绝望，好像这个位置一直在等待着我们，好像我们只是为了填满这个社会大棋盘上的一个方格而存在。佩雷克在他的小说《一个沉睡的人》中表达了这种被囚禁在预设生活中的痛苦，在这种生活之中，甚至连步入歧途也是可以预见的，而所有个体都不可避免地成为他们被认为的样子和被期待的样子。仿佛社会组织的惯力已经将我们锁定，人只能成为自己，无法将自己想象成他人，永远无法冒险脱离既定的轨道。佩雷克小说中的主人公就试图摆脱这种自动化的生活模式，他突然停止了一切行动，拒绝早上起床，主动切断虚伪的社交生活。他在书中写道：

"你几乎没有活过，但一切似乎都已被预言，一切似乎都已尘埃落定。你仅有二十五岁，但你的人生道路已被精心绘制，角色已被安排，标签已贴好：从幼年的便盆到老年的轮椅，所有的座位都已就绪，静候你的到来。你的冒险经历被描述得详尽无遗，哪怕是最激烈的反抗也不会引起人们的注意。"

如果人生的每时每刻都可以提前预见，如果我们的生活都是被事先编排好的，那么，我们还会继续这场游戏吗？如果，权力被强制施加，每个人的位置和角色也提前被指定，我们选择的权利也被剥夺，那么，我们唯一的选择或许就是退出这场游戏，拒绝虚假的自由并离开。故事里的主人公没有起床，拒绝参与那些考验，"他的位置是空缺的"。当我们背弃一切，拒绝完美地融入我们在社会结构中被指定的位置时，我们的存在感反而会变得更加强烈。正如作者所言，"你宁愿选择成为拼图中丢失的那一块"。

当我们的位置如此确定，当我们的生活状态连最细微的轮廓都已经被精确勾勒出来时，我们似乎只有缺席才能凸显自己的存在感。有时，要想找寻自我的存在并挑战这个已设定好却不适合我们的位置，退出或者消失反倒成为争取另一个位置的最后手段。

当一个孩子捉迷藏躲得太久，当一个青年人离家出走数小时或数天，又或者当一个成年人悄无声息地消失，他们会如何看待自己曾经属于的地方以及逃离呢？离开被期待的位置，面对另一个全新的地方或者孤独的恐惧，这些都会促使我们跳出圈子，在超出常规生活的半径外活动。我们抛弃了一个位置，尝试另一个位置，因为我们在原来的位置上快要窒息，或者因为原来的位置已经不符合我们的生活或者身份。这种行为，不仅是在玩消失，也是在探索另一种可能的位置，那里将孕育关于我们的新故事。

在佩雷克的小说《沉睡的男人》一书中，主人公望向天花板，看到了微小的裂缝。他看着墙上的破镜子，映着他脸上支离破碎的影像。在他的内心深处，某种东西正在悄然瓦解。这种瓦解是对那些我们习以为常信念的否定，这些信念认为，有一个特定的位置适合我们，并定义了我们的身份。然而，经验和历史告诉我们，我们所占据的位置是偶然的、脆弱的。沉睡的主人公不再读得出字里行间的线索，他突然意识到生命的脆弱，开始质疑所谓存在的连续性。"五月的某一天，天气很热"，他的荒谬感突然从"一杯苦涩的雀巢咖啡"中浮现出来。正如佩雷克所描述的，某些东西开始破碎、改变、解构。原本生活的状态如同一道轨迹，内心对自身的存在感和重要性有着强烈的认同，但现在这些都消失了。同时，"希望融入或者沉浸于世界之中"的感觉也不复存在。我们作为世界的主体，开始与世界分离，不再融为一体。我们逐渐产生距离感，开始质疑，归属感也不复存在。我们逐渐不再参与、融入、沉浸于现实世界。我们不再相信存在的意义，不再相信肯定有一个属于自己的位置。世界开始摇摆变化，或者更确切地说，开始离我们远去。我们开始步入生活的轨道。

这部小说刻画了一个多愁善感的人物，同时提出了一个深刻的问题：人类是否愿意接受一种毫无惊喜、毫无创造性的生活状态？如果找到自己的位置就是要让生活遵循已经提前拟好的脚本，那么，这样的生活必定让人不安，也无法忍受，因为任何独特性的表现都提前遭到了否定。如同"鹅棋"一样，所有的棋子都是可任意置换的。另一个大学生可以取代我在这次考试中的排名，娶到我本可以在学习期间遇到的妻子，住进本可以属于我的郊区小别墅。在这些经典常见的轨迹中，我们消失在一个过于可预见的社会轨迹之中。那么，他的个人意志还剩下什么呢？他真正能做决定的又有哪些呢？对佩雷克这样的反英雄主义者来说，唯一能实现个人主观意志的做法是根本不参与这场游戏，让那个提前定好的位置空置，不去想象它很快被其他人占据的场景。这些叛逃都是徒劳的吗？毫无疑问是的。社会已经简单粗暴地决定了所有人的轨迹，这些轨迹如同一道道沟壑，一旦偏离将付出沉重的代价。我们随后会再谈谈当我们"偏离轨迹"时将要付出的代价。

在佩雷克的这部作品里，这种叛逃是以隐喻的方式表现出来的。而在其他文学大家的作品里，这种叛逃则以更加直接的方式展现。现代波希米亚人、街头流浪者的故事，在纸页之间绵延数里。那么，为什么总有些人无法安稳下来呢？

那些无法站住脚的人

我们真的知道人们为什么离开吗?

——米歇尔·费里埃《海外回忆录》

他们并不总是清楚为什么离开,也不知道为什么这个地方在他们看来变得无法忍受。他们内心有一种模糊的、近乎本能的感觉,那就是再也不可能待在那里了。离开,有时甚至是逃离,成了一种必然,既难以言喻,又势在必行。毫无疑问,我们会找到理由和解释,但这种渴望逃离的行为,没有其他的名字,它只有一个名字,那就是自由。他们需要"抽离",离开,从所有契约里挣脱,不再被任何事物所限制。这种追求消极自由的举动,始于对所有看似陷阱的事物的否定,这种举动是残酷的,是撕裂的,它通过摧毁所有先前存在的东西来获得自由。一个轻松、没有任何包袱的人,所付出的代价就是切断所有联系。米歇尔·费里埃在他的著作《海外回忆录》中,描绘了这样一幅场景:

"这是一个离开的人的生活:他的墙上布满裂缝,身上破破烂烂。这种生活既优雅,又粗犷。离开,意味着把一切都抛在脑后,尤其是不再回头,决绝地离去。从自我麻痹、机械化的日常、梦游般的例行公事中解脱出来,走出死亡的轮回。"

从词源学"摆脱"的意义上讲,这种离开重新演绎了"存在"这一行为本身,指的是让我们从乏味重复的日常里脱离出来。离开与它的对立面——机械的习惯——有关,与那些僵化和死亡的事物有关，与那些运行时缺乏活力的事物有关。我们不再享受生活，而是顺从于它，我们屈服于催眠般、沉睡般的生活，意识逐渐模糊，陷入了一种半梦半醒的境地。生活变得毫无生气，一切都是重复和机械的，我们丧失了渴望和活力。这样的生活不再有存在感，也失去自我。

断舍离，实则是给自己创造一个机会，一点恩赐，以此来实现自我救赎。我们必须敢于舍弃那些不能再构成我们生存框架或节奏的东西。这种解脱是从我们当下的生活中抽离，是摆脱所有曾将我们相连的东西——包括关系和财产。它是一种彻底的解放，也是一种回归，"突然之间，没有什么东西可以抓住、阻挡或者挽留住我们，所有的一切光明正大地离开了"。我们不再接受被束缚，我们摆脱事物，远离某些人。正如作者所说，这就是"存在之罪"：需要有一定的勇气，也需要一种"颠覆一切"的罪恶快感，外加放弃亲近的人。

事实上，那些永远无法在一处安顿下来的男男女女在告诉我们什么呢?在众人眼里,他们展现出一种常常被压抑的欲望,那就是抛弃一切,把一切搁置于一旁,这种行为看起来既无情又自私。他们渴望不被束缚于某个固定的位置,渴望摆脱所有责任。他们选择逃避而不是固守原地,选择流浪而不是安定生活。他们的目标,不是到达某个地方,而是要开辟一条新道路。离开是一种冒险,但也可能是一种逃离僵局和宿命的感觉,逃离绝望的命运,逃离让我们停滞不前的社会地位陷阱。那些离开的人诱惑着我们,激发了我们的思考,也向我们证实,我们可以生活在别处,而不仅仅是出生就被注定的地方和所有人都期待我们停留的地方。这种大胆而不驯的行为,激起了复杂的情绪:我们既嫉妒又幻想,我们谴责离开的人。然而,正是这些人的行为,为我们打开了一扇门:我们不必永远停留在原地。在一段带有普鲁斯特风格的文字中,作家米歇尔·费里埃将这种越界的行为视为实现激进自由的条件,他写道:

"一个人的离开总是会在渴望与恐惧之间引发一波焦虑的浪潮,往往还会招致一致的非议……但这样的行为背后究竟有何深意?那是因为他不能停滞不前。一个选择离开的人,以一人之力打破了时间的流逝,扰乱了岁月和世界的既有秩序,他证明不同阶层可以交融也可以打破,证明时光可以是多彩多样的,证明人可以像自己梦想的那样自由地生活。"

拒绝故步自封,就是拒绝被固定在同一个地方,拒绝被限定在单一的节奏之中,拒绝受制于一种生活或思考的方式,赋予自己体验多元生活的机会,从如渔网般缠绕我们的现状中脱离开来。这意味着跨越现有的社会阶层,质疑这些阶层的合理性,不再被它们所阻碍、拖累或束缚,在思想和行动上给自己绝对的自由。

在离开这一残酷行为的背后,展现的不仅是个人层面的自我追求,也可能映射出一个人深层次的本性。或许只有在这种不断的移动中，有些人才能忍受自己在世界上的存在。毫无疑问，对有些人来说，大地总是在移动，威胁着要将他们压在难以承受的负担之下。对他们来说，长久的关系和承诺似乎是对自由不可容忍的剥夺。对他们来说，稳定和可靠是不可能的，是难以忍受的。或许，我们不该强迫那些逃离的人，而应该认识到他们内心的无能，无法忍受建立关系，安于一方。

在西尔万·普吕多姆的著作《在路上》一书中，他认为"世界上有两类人，离开的人和留下的人"。书中的主人公是一群年轻时游走四方、无依无靠的老朋友，其中包括：作家萨沙和一个类似于凯鲁亚克式"搭车者"的人物——他似乎无法长期待在一个地方，也没法安心于一种身份角色。二十年后，这两个主人公偶然在东南部一个小城市重逢，彼时40岁的单身汉萨沙希望在那里"开启一段新生活"，远离巴黎的喧嚣。在这座无名的城市里，他也一样寂寂无闻，萨沙渴望重生，仿佛这能让自己焕然一新，在这个宁静而平和的地方，他期待找到内心的平静：

"我渴望这种宁静。在这座城市里，我期望重新寻回多年来已然丢失的专注力以及禁欲般的生活。这种适度的离群索居，让我终于能够重整旗鼓，找回自我，也许还能重生。"

然而，这个被萨沙视作可以找寻自我的地方，却是搭车者经常逃离的地方，他总是逃得很远、很久，远离自己的妻子玛丽和儿子奥古斯丁。二十年后，他好像仍然难以长期在一个环境里安定下来，不管是在现实中还是在情感上，他很难驻足定居。如同他年轻时候一样，他只是通过邮寄明信片来传递自己的消息，这些明信片简要地勾勒出了他的活动踪迹。后来，明信片越来越少，很明显最后一次逃离是没打算回头的。萨沙和玛丽越来越亲近，他成了留下来的人，是可以依靠的人，是坚守位置的人。搭车者从来没有真正占据过伴侣或者父亲的位置，而萨沙虽然没有取代搭车者的位置，但是他在玛丽和奥古斯丁身边找到了自己的位置。萨沙通过自己的存在和坚韧不移的精神，绘制出这个席位，对他自己和玛丽母子来说，这个席位显而易见十分必要。

在此，我们也能清楚看到，位置等同于承诺，等同于长期付出。既与地点有关，也与时间有关。它与自己有关，也与那些对我们提出要求、与我们有联系的他人有关。这种关系是强制的，是绑定的，正是如此，这些位置令人担忧。

毫无疑问，我们应该谈一谈那些不打算停下脚步的人，对这些人来说，那些位置已然如同一条直线或一个箭头，绵延不绝没有尽头，又或者如同从一个点到另一个点，所有能量都融入移动的趋势之中。我们应该谈一谈快乐的流浪生活，那种只是过客的快乐，那种发现其他土地或者面孔让我们发生变化的快乐。我们也应该谈一谈那种接触与我们不同或者存在差异的东西，让我们变成了什么样的人。还有那种从未安定下来，永远在离开，追寻他处的快乐。

扎下根来

有些人逃离是为了偏离错误的道路，是为了躲避即将到来的沉沦，就像看到浑浊的海水上涨一样。他们逃离，是为了避免堕落，避免陷入耻辱的命运。然而，我们最不愿意成为的人往往是离我们最近的人。让我们倍感耻辱的位置，往往就是亲近之人所处的位置。父亲、母亲、兄弟，成为我们厌恶的对象，是我们急于焚毁的对象。我们希望避免陷入这种失败的命运之中。在玛格丽特·杜拉斯的著作《情人》一书中，母亲就是耻辱的化身，她的一言一行，逼得人想要逃离。你必须逃离你的命运。她不断敦促小说主人公从一贫如洗的海外侨居生活中解脱出来。杜拉斯在书中写道：

"她没有看我。她说道：'或许，你能够逃离这里。一夜之间，我便拿定了主意。问题不在于要达成何种目标，而在于应该离开我们现在所处的位置。'"

逃离，抽身以便摆脱困境，摆脱那个让我们堕落的地方。最终，我们从中走出来。虽然，我们不知道最终目的地是何种模样，但是我们清楚自己在逃避什么，也明白自己想要逃离怎样的宿命，怎样可怕的故事。我们抛弃一切，将所有的过往抛诸身后，让这段过往无法再提前判定我们失败。通过改换位置，忘记自己，成功开启未来。我们选择自我放逐、消失，然后在别处重新现身，以全新、匿名的方式再度开始。

这也是罗朗·莫维尼埃的小说《夜之故事》中女主人公努力尝试去做的事情。然而，过去的故事就像女主人公奇怪的文身一样，代表着过去被边缘化时的耻辱，依旧铭刻在我们内心，让我们倍感难堪。那个我竭力逃离的地方如影随形，威胁着我的新生活。这个我再也不想要的位置，无论我是否与之共处，这个被诅咒的身份依然属于我，不管我多么努力地想去隐藏它。那些见证了我过往的人，将我囚禁在这个位置，并不断强化这个位置就是我真正的身份。他们坚持不懈地提醒我过去我是谁，而这段过往也强迫我一直保持不变。我们对那个我们不再想要成为的人有什么责任？那些无法忍受我们离开、我们改变的人所说的虚假忠诚又是什么？如果有些人如此坚持将我们最终送回我们原来的位置，如果我们的离开对他们来说是一种背叛的话，那是因为他们把这种离开当作一种否定，是对他们始终在同一个地方生活的质疑。他们害怕通过我们看到他们狭隘视野之外可能发生的事情。离开村庄、城市、社区，或者前往城市，"登上"首都，到国外生活。通过这些漂泊移动，我们确认我们可以改变位置，而这会引起那些在内心深处并不能确定自己是否处于正确位置的人的不安。

在罗朗·莫维尼埃的这部作品中，有多个女性努力尝试摆脱自己平庸生活的宿命，渴望拥有别样的命运。在《继续》一书中，西比尔回忆起她年轻时的梦想——成为一名外科医生。这部小说回顾了她成年后失去的梦想，回顾了她的抱负是多么荒谬。一个出身普通家庭的女孩，怎么可能期望实现阶级跨越呢？有时候，当我们过于自大，开始主动追求其他事物时，生活会将我们拉回原点，它提醒我们来自哪里，应该留在何处，并把我们送回到底层的位置。待在自己的位置上，保持不变，不要试图走出所属的阶层，不要试图去改变世界秩序，不要去质疑它……这些重复的论调绵延不绝。我们怎么才能让这些批评的、命令式的声音，要求我们保持低调谦逊的声音，安静下来呢？

莫维尼埃作品中的女主人公西比尔已经长大成人，并当了妈妈，但她的儿子塞缪尔自父母离异后就陷入了危机，西比尔决定重新开始。她卖掉了从父母那里继承的房子，以筹备一次盛大的旅行。为了象征性地清算过去，走出原来的地方和场所，她选择去吉尔吉斯斯坦进行一次长途的骑马旅行，仿佛这种"漂泊"可以重新洗牌。但这场旅行最终却成了一场噩梦，这段经历似乎证明了塞缪尔父亲的正确性，他从一开始就批判她这种不负责任的行为，也印证了他前妻永远无法脚踏实地。西比尔认真反思了这些批评，接受了前夫对这次旅行终将失败的判断。她应该满足于"只成为自己，接受自己的平庸，摒弃伟大的梦想，平静地生活"。

西比尔代表了很多生活轨迹被打断的人，她放弃了医学学业，并为自己曾经的雄心勃勃而感到羞耻。她的经历反映了众多女性的生活现实，也是无数平凡出身者的写照，更是那些普通女性生活的映照。她们生活在既定的框架内，承载着"被束缚的希望"和"被束缚的欲望"。她们只能是自己，放弃了探索其他可能性的机会，放弃了展示自我的舞台，放弃了选择自己命运的权利。西比尔曾经想象自己成为外科医生，后来又曾鼓起勇气想成为作家，这些想法像回旋镖一样反过来伤害她,像是一种过度的骄傲,一种自负,最终转化为对自己的羞耻,以及对自己天真梦想的蔑视。

故事的结局是,她失败了,并且挫败地发现只能成为自己。故事本来可以就此终结,但是作者又给出了一些其他线索。因为西比尔没有写完的小说最终在莫维尼埃的笔下得以存在。而西比尔的前夫,作为一个理智又谨慎的人,完全被人类的高度可塑性震惊到了,他对西比尔和儿子所展现的能力感到震惊。其实,我们可以不是我们自己。作者暗示道:"或许,我们最终不会是我们现在的样子。"总会有第二次机会在等待着我们,我们的人生拥有多种可能性。谁能预料,谁又会是下一部小说的作者呢?

离开并不是一时冲动,也不一定是我们游牧本性的延续。离开有时候是彻底脱离和深深扎根的双重结合。给自己一个地方,就是要通过坚持不懈的努力来征服它,通过自我肯定和重新掌控自己的生活来拥有它。决定自己的位置,不是出于野心,而是为了给儿子一个立足之地。我们要掌控游戏的主动权，拒绝从一开始就注定艰难的生活与命运，做出明智选择，以便在社会和情感上、在一个非原生家庭里找到自己的位置。作家玛丽·伊莲娜·拉封在其著作《小广告》中，刻画了一个三十七岁的女性安妮特，她回应了一名比她大十岁的农民保罗的征婚小广告。安妮特决定这样做，不仅是为了填补她作为单身母亲的孤独，也是为了修复第一段失败婚姻带来的毁灭性伤害。她之所以离开，是为了拯救她的儿子埃里克，是为了打破她儿子注定寂寂无闻的诅咒，她想要给儿子一个这个北方国家无法给予他的位置。书中写道：

"他这样无法成为一个人物。他将不会拥有自己的位置，他也不会创造属于自己的位置。她必须改变，离开，去别的地方以不同的方式创造生活。去农村！为什么不呢？去吧，彻底挣脱。"

要想"彻底挣脱",就应把自己像杂草一样拔掉,这样才不会步入歧途。从过去的暴力和污名中自我拔除,从北方到南方康塔尔这种地理上的连根拔起,以及个人历史的中断,是他们开启一段新生活的前提条件。不管是哪一种,要实现"彻底挣脱",我们首先是要找到另一块不同的地方、一块未开垦的地方、一个可以从零开始书写故事的地方。

"安妮特努力不去想念北方。她希望忘记那里所有的一切,从自己身上抹去一切,以便更好地在菲迪埃尔重新开始。她必须融入新的生活,小心翼翼,提防一切。"

矛盾的是,要想在这个村庄、这栋房子里扎根,安妮特必须与旧生活划清界限。她毅然决然地抛弃一切,凭借坚定的意志、耐心和不屈不挠的精神,逐渐融入了这个家庭。她忍受了所有的不公,默默地付出。她以一种悄无声息的方式征服了这个新家,而不是通过粗暴的入侵。她找到了工作，证明了自己。孩子也在新环境里找到了自己的位置，摆脱了父亲（原来生活的北方）的恶名。自此之后，母子二人，曾经的"被收留者"，真正成为这里"风景"的一部分，不再是被质疑和傲慢目光所审视的外来者。有时，我们必须连根拔起，在别处扎根，以使我们的生活不再虚度。或许，这些努力的意义就在于摆脱生命中所有可以预见的一切，正如意大利诗人帕维塞所说：

"我们试图扎根，开拓一片土地，创建一个国家，只是为了我们的肉体更有价值，比一轮又一轮平凡的季节交替更加长久。"

缩小的生命

在导演杰克·阿诺德执导的电影《不可思议的收缩人》中，主人公斯科特·卡雷在湖上划船时被一阵奇怪的、有辐射的烟雾感染，导致他的身体开始不断缩小，从一个成年人体形，逐渐缩小至一个未成年人、儿童、布偶娃娃般大小，直至最后变得十分微小（和一只体形比他大的蜘蛛进行了一场史诗级的战斗），最终消失在无限微小的世界之中。随着身体的缩小，一个美国中产阶级白人逐渐丢失了自己的威严，他在那些代表着他曾经身份的华丽衣服之中飘荡，他也失去了自己的婚戒，因为现在对他来说太大了。随着他不断缩小，他的社会地位也崩塌了，他遭遇了独断专行、傲慢的善意、排斥拒绝、残酷的虐待以及被遗忘的命运。他只能从那些因为外貌而被社会边缘化、被排斥的人——如马戏团的明星演员、身材矮小的年轻艺人——那里获得暂时的慰藉。

被限制在一个不合适的位置，被挤压到真实或象征性的边缘空间，意味着什么？那些被要求保持低调、不断缩小自己的人，又是谁？对这些人来说，他们的位置就是他们的牢笼。他们的生活变得微不足道，生活被"缩小"或者"受阻"。"受阻"，本意是指脚被困在陷阱中〔在拉丁语中，"inpedica"（受到阻碍）是动词"impedicare"（给脚戴上镣铐）的词源〕。有时候，我们感觉自己被困在日常生活的泥沼中，似乎只有通过牺牲一部分自我、自我撕裂或者失去某些东西，我们才能获得解脱。我们感觉自己受阻，被从低处、后面拖累，如同脚上被绑上重重的球，承受着重担和压力。这些负担阻碍着我们，限制着我们的行动和欲望，成为我们前进的障碍和阻力，成为我们的对立面。这些阻碍也可以是因为时机不合适，让我们无法顺应时势，无法抓住机遇，从而错失良机。

那么，是什么阻挡了我们呢？毫无疑问，是一系列复杂、纠结的情感和情绪。其中既有对失败的恐惧、对令人失望的担忧、对背叛的忧虑，也包括我们对忠诚、对合法性的追求。我们不仅被自己和别人的期待、担忧和信仰所阻碍，也被我们的身体、性别、外貌，以及社会、环境和时代对这些的评判所阻碍。有时候，一道简单的目光，其中透露出的不认可或轻蔑，就能在无形中筑起一道难以逾越的壁垒。

无论是20世纪80年代的法国女性、20世纪20年代利兹市郊区的儿童，还是20世纪中期欧洲的黑人青年，他们可能都有着相似的受阻感觉。这种感觉源自外部强加的限制，也源自这些限制的深层内化。这种被动、无声的同化过程，熄灭了我们的希望和雄心，阻碍我们从一个社会空间走向另一个社会空间。所有的表象和现实都在阻拦我们，我们不得不遵循潜在的规则和分配，而往往并不自知。我们发现自己被困在一个由社会游戏规则构成的牢笼之中，被困在一个身份里，如同一件封在纸盒中减价销售的商品。

被禁锢的生活不断遇到各种障碍：某些地方、某些行为、某些活动以及某些娱乐形式都被明令禁止。主体在一个封闭的、现实的圈子里不断碰壁，这个圈子包括其所处的社区、街区和家庭。社交生活被限制在特定的空间和特定的人身上。我们无法跨越这些无形的边界。

英国学者理查德·霍加特在回忆录中回顾了他在20世纪20年代利兹工人社区的童年经历。他将自己"闭塞"的家庭比喻成一个满是饥饿雏鸟的鸟巢。这种内部封闭的生活，不面对外界，也与其他人没有任何交往，遵循着贫困的逻辑循环。在这个家庭里，对物质生活的关切，也就是生存，原则上要求他们无意识地自愿封闭起来。而这种防御机制既保护了他们，同时也禁锢了他们。

"这样，我们在对外敞开的同时，也不得不向内收缩,由于我们不了解其他生存方式,所以我们就不再尝试着去融入……因为我们总是成为那些无法参与、不被邀请的人,所以我们开始自己构建自己的防御体系。"

这种自我封闭,这种与世隔绝,是排斥的另一面。这个世界看起来如此遥不可及,以至于霍加特和他的兄弟们只能自我安慰,他们并不喜欢这个世界。他们在内心里筑起了篱笆。在他自传的引言中,他引用了著名诗人兼剧作家、诺贝尔文学奖得主托马斯·斯特恩斯·艾略特的话:"家就是一切开始的地方。""家"只是一个起点,而不是终点。也许正是这一点给予我们勇气去跨越障碍。我们都曾有过"家"的感觉,在那里,尽管困难重重,但我们依然得到了照顾。然而,与外界对抗是艰难的,我们很难争得一个位置,有时候甚至只是出现在那里都很难。如果说,我们的巢穴如同一个蚕茧,那么走出"封闭家庭",就会让我们面临被拒绝的风险。而霍加特，作为一个出身贫苦的男孩，并不受欢迎。在他周围，遍布一些蔑视的声音，他被称作"问题少年"，并被视为一个陌生人。

"我们这种处境的孩子，很快就能学会解读成人的语调，不仅仅是带有敌意的语气，更重要的是，人们在谈论你时的冷漠语气，如同谈到某个外来者、陌生人——一个次等的外来者。"

每个人都经历过这样的时刻，自己变成了一个隐形人，被人以第三人称谈论，仿佛自己并不存在，仿佛自己的存在并不值得考虑。我们是被倾诉的那个人，也是被谈论的那个人。

"当你还是孩子时，听到成年人当你的面谈论你，仿佛你不存在一样，而且不带任何热情的语气，这会让你心寒。"

中性、冷漠或者关爱的语气，可以禁止我占据一个位置，或者给予我一个位置，可以承认我作为一个主体的存在，也可以否定我的存在。有些话语透露出蔑视，而有些话语却能给我们提供空间，正如霍加特祖母所说的那样："我听到了充满无条件的爱的声音，感觉自己又回到了港口。"她用温柔的声音欢迎我，我在这个世界的合理性得到了确认，而冷漠则会让我丧失这种合理性。

同样，父母的声音、恐惧的声音会让孩子直观地感受到限制。美国作家詹姆斯·鲍德温在1963年于美国出版发行的自传《下一次将是烈火》中分析了这种限制的内化：

"这种感受会通过父母的语气渗透进孩子意识中的……当他误入歧路时，从他父亲或母亲的声音中可以听到一种突兀的、无法控制的恐惧。他不知道界限是什么，也无法解释，这已经很可怕了，但更可怕的是，他从父母的声音中感受到的那份恐惧。"

我们明白隐藏的情感的力量，也知道某些不可名状的东西带来的恐惧。在20世纪30年代的美国，是没有一个地方可以容纳一个哈林区的贫困孩子的。正如詹姆斯·鲍德温所说，这个世界"没有给你留下任何位置"。海地导演拉乌尔·派克执导的纪录片《我不是你的黑鬼》（2016年发行）中，也展现了这种观点。这部纪录片是根据詹姆斯·鲍德温未发表的小说《记住这栋房子》改编的。

"当你发现，你出生的国家，赋予你生命和身份的国家，在它实际的运行过程中没有任何你的位置时，你会大受打击。"

黑人除了消极的身份认同之外，没有任何的位置，而且黑人的身份认同是通过与白人的对比构建起来的。黑人被要求待在自己的位置。如果想要从沉默和隐形中走出来，质疑黑人的位置，动摇对黑人的破坏性印象，就是要让对黑人的刻板印象崩塌，从而反向评价白人。这种做法，是在动摇这种基于本质主义、二元对立和种族主义的体系。黑人从小就被仇外偏见所困，试图去摆脱这种束缚，就意味着要动摇美国社会的根基：

"在白人的世界里，黑人扮演了一颗固定不动的恒星，一个无法移动的支柱角色。黑人一旦离开自己的位置，天地将为之震动，根基不再稳固。"

鲍德温的观点，与法国马提尼克心理学专家弗朗茨·法农在其作品中展现的观点不谋而合。在弗朗茨·法农于1952年发表的作品《黑皮肤、白面具》中，他描述了黑人面临的矛盾：占据了一定位置，却无法拥有位置。他说，黑人在他周围创造了一个真空。在火车上，他得到的不是一个位置，而是三个位置。但事实上，这不是一个位置，而是虚空。在他周围形成的不是一个空间，而是一种距离。这种距离不是产生交流的基础，而是一道无形但可以感觉到的屏障，是它让白人无法接近，黑人无法触碰。他写道：

"在火车上，他们给我留的不是一个座位，而是两个或三个……所以，我以三重身份存在：我占据了那个座位，并走向另一个座位，一个虚幻、敌对但是透明、无人占据的座位，那个座位消失了。这种情况让人感觉厌恶。"

黑人和白人没有共同的世界，也没有黑人和白人彼此认可的空间，所以不可能实现自我肯定。只有黑人被白人的目光客观化、物化。法农说，黑人被"固定"住了，如同昆虫学家用大头针固定住昆虫一样。确切地说，黑人不以主体的形式存在。法农认为，黑人甚至都没有被赋予一个次等的位置，而是直接被否定其存在。那种感觉不是低人一等，而是像不存在一样。黑人被要求消失不见，世界不想让黑人存在。我们要求黑人将自己"缩小"：

"我热情地呼唤世界，世界却剥夺了我的热情。它要求我封闭自己，将自己变得渺小。"

由于"我"在世界的存在被视作一种挑衅，一种冒犯，所以"我"不得不最大限度保持低调。法农说，"我"不再光明正大出现，而是选择"匍匐前行"。"我"选择爬行，以便别人注意不到"我"，"我"的身体尽量离地面很近，"我"体会到了"羞辱"这个词在词源学上的含义，那就是"被贬低到地面之上"。"我"尽可能地保持低调，学着不让别人注意到自己，表现得无可指摘。

这种要求我们消失的指令并没有消失，而是被那些因自己是黑人、马格里布人、同性恋、残疾人、病人，或者因为自己是女性而感到受到威胁的人内化。我们记得，非洲裔美国妈妈们会给儿子们一些忠告（比如，不要突然奔跑，不要戴套头衫的兜帽，不要将手放进口袋里，因为这些举动会被误解为携带有武器），女性会被劝解避免一些引起性骚扰或者性侵的习惯（不要单独进入某些街区独自回家，不要乘坐空无一人的车，在街上可以跟着一对夫妻走，等等）。虽然这些社会群体所遭受的暴力是不同的，但在每种情况下，在意识的背后总有一种对威胁的警惕，以及一种我们的生活更脆弱、更不确定的感觉。就好像这些生命不那么重要一样。

难道，我们可以天真地把美国黑人面临的担忧和欧洲白人女性的担忧等同起来，而不去考虑他们面临的状况、地点和时代吗？毫无疑问不能。但是，我们可以确认，他们或许拥有共同的情感、同样的经历、类似的状态，他们的性别、外貌、种族或宗教身份使他们成为潜在的物理或者精神层面暴力行为的目标。这种威胁感让他们提心吊胆，疑神疑鬼，焦虑不安。他们保持着一定程度的警戒状态，在迁徙搬家方面他们需要谨慎筹划算计，不能放松警惕，否则会使自己置身于危险之中。

公共空间和共享场所其实并不是中立的，而是被划分为很多看不见的区域，我们很早就学会了识别这些区域，从小时候的操场就开始了。小孩子很快就会意识到操场的空间划分：有一些空间是男孩子游戏的场所，有些是女孩子的，从逻辑上来说是为了让男女保持距离。那些敢于冒险走出象征性边界的女生会被贴上坏女孩的标签。正是如此，在穆里尔·莫纳德颇具教育意义的调查研究中，年轻女孩莱拉"被要求放弃一部分领地和权力给男性"。用法国地理学家米歇尔·吕索的话说，争夺地位，既是一场阶级斗争，也毫无疑问是一场种族和性别斗争。每一次位置的移动都是一场"空间测试"。

空间测试

对那些因公共空间有限而行动能力受限的人来说，这种考验每天都在上演，我们使他们在公共空间里难以通行。他们很难在公共空间里找到自己的位置，社会需对此负责。在哲学家安妮·丽丝·夏贝尔的著作《改变残疾》中，她将自己的处境比作面对太高台阶的爱丽丝。当一切都不合适，当一切都太高、太窄、太危险或者无法进入时，我们如何才能摆脱不受欢迎的感觉呢？我们可以像伯特兰德·昆汀所说的那样：残疾人的"残疾"是社会选择造成的。企业或公共交通中带扶手的斜坡、移动式平台等设施，虽然并不能消除残疾，但能减少不便，能够让这些设施的使用者感觉自己不那么"残疾"。因此，根据昆汀的观点，社会和企业对此负有责任。同这些设施配置同样重要的是观念上的改变。昆汀也曾强调羞辱的重要影响："阻止一个人充分参与社会活动的最根本原因不是他身体上的残疾，而是社会表现出的臆想和不真实的认知。"正是社会通过它的表现形式和它所创造的排斥空间导致他的行动不便。然而，只要我们共享一个公共空间，包括我们从小学开始，在同一个班级，使用同一个操场时，这些观念就会逐渐消失。如果我们从幼年时代就与残疾儿童接触，那么对残疾人的刻板印象和担忧就会消失。只有这样，我们才能构建一个包容的社会，一个适应每个人独特性的社会，即一个能为每个人提供一席之地的更加灵活的社会组织。残疾人往往处于社会的门槛上，既不完全在社会之外，也不完全在社会之内，为此昆汀引用了"临界性"（liminalité）这个词（在拉丁语中，"limen"意为"门槛"）。他还指出，虽然我们无法减少残疾，但我们可以通过为他人创造空间来减少残疾：从技术角度重新思考无障碍问题，但也要强调关系维度。正如安妮·丽丝·夏贝尔所说的那样："无障碍环境也与人际关系有关。有时候，虽然一点简单的帮助就可以解决这些问题，但我们却把技术上的缺陷当作借口，躲在后面，逃避问题。"她还说："无障碍不是一扇宽门或一个斜坡的问题，而是关于社会接纳度和团队合作等人性问题。"给予残疾人一个位置，意味着要做出一些简单的调整，比如在与聋人交谈时，我们可以看着他们。此外，给予残疾人一个位置，也意味着让残疾人发声，而不是代替他们发言，要将他们融入决策过程，汲取他们的经验。昆汀指出，残疾人的经验知识是最能确定需要调动的资源的。我们只能寄希望于通过这种方式来拓宽思路。

没有王国的女王

> 我将继续冒险,继续改变,跟随自己的心灵和眼睛,拒绝被贴上标签,拒绝一成不变。关键是要解放自己:找到自己真正的维度,不受任何干扰。
>
> ——英国作家弗吉尼亚·伍尔芙
> 《一个作家的日记》

当人们不断被要求必须保持"谨慎"时,如何才能找到"自己真正重视的东西"呢?长期以来,在很多国家和无数情境下,女性一直被要求缩小自己的存在,而这种要求似乎仍将持续。有时候,她们被要求消失，或者隐藏起来，被织物或者油漆覆盖，她们的画像被撕毁或者被涂掉。她们被要求不要占据太多的位置，要让人遗忘，要学会如何隐形或满足于处于次要、狭小的位置。传统、宗教、习俗，以及这种谨慎给大多数男性带来的舒适和好处，都对女性的生存造成了沉重的压力。长期以来，她们的身体，就像用人、奴隶或儿童的身体一样，一直被认为——并且现在仍然被认为——是可以侵占的空间，是丈夫、主人、神父或国王身体的附属物。女性的身体被当作一个可以轻松、毫不费力地使用或者用来满足欲望的工具，一个被社会上或象征意义上的所有者或使用者所拥有、控制或使用的身体。

女性的身体是不堪重负的。之所以说女性的身体"不堪重负"，是因为从字面意义上来说，女性身体的界限没有得到尊重：她们的身体与外界的界限变得模糊，轮廓不再清晰，她们的皮肤与儿童或男性之间的界限也不再分明。肉体被侵占，隐私被侵犯。女性的身体成了每个人以自己的方式占有的领地。她们的身体成为一个可以攀爬、践踏的空间，一个试验场。

毫无疑问，母亲是最慷慨放弃自己身体的人。

"做母亲时，女性将自己的身体交给了孩子。孩子在母亲身上，宛如一座小山丘，他们在这片花园里生长，他们从她那里汲取养分，拍打她，在她身上安睡，而她则任由孩子们汲取所需，有时候孩子在身上时母亲就睡着了。她失去了自己的王国。"

她成为没有王国的女王，她的领土已经被占领，她体验着成为游乐场、靠枕的快乐与疲惫。孩子们不耐烦、愤怒或者高兴的时候，会推搡她，拉她的手，或者扑进她怀里。她必须保持柔软、温柔、坚定且情绪稳定，她成为一种可塑的、可延展的物质，可以根据孩子们的需要改变形状、质地和密度。她的个性、她的身体仿佛消失了，她只是孩子根据自己的需求、愿望和喜好创造出来的存在。法国作家玛格丽特·杜拉斯说，这种占据，是一种吞噬和剥夺。女性的身体不仅要满足他人的欲望，还必须永远保持吸引力。杜拉斯写道：

"女性的身体和美貌因孩子们的需求而遭到侵占，她们需要照顾他们，为每一个孩子提供无微不至的关爱，否则孩子们会死去。"

同样，女性对自身外貌的关注往往也是身体被侵占的一种表现，因为她们的外表承载着社会对她们的期望。这种对自我形象的关注，表面上看似出自个体诉求，实则更多是在回应外界的期待，而非真正出于自我关怀。这种行为不仅仅是对自身的照料，更是为了别人而关心自己。女性对自身身体的关注，成了她们在社会中生存的一种必要条件。打扮自己，实际上是对社会潜在要求的一种顺应。这不仅是为了在亲密关系中寻求甜蜜和快乐，还反映了由这些内在期望所引发的焦虑和紧张情绪。

如果女性允许自己被如此侵犯，将享受自己身体的权利拱手让与他人，那么她们在心理上也会被垄断，不断被"占据"。这种内在的占据已经远远超出了"心理负担"的概念。女性往往承担了一种近乎"本体论"延续性的职责，她们填补了现实中的裂缝。

英国儿童心理学专家唐纳德·温尼科特提出了"母性关怀"可能导致"短暂性疯狂"的理论，在这一理论中，母亲往往会想方设法确保孩子们的愿望和需求与现实达成一致，她必须让现实与孩子们的期望相吻合。温尼科特将这种特殊的心理现象视为一种"正常的疾病"，它会随着孩子的逐渐长大而消失。然而，有时母亲可能会长期处于这种状态。母亲会确保不让空缺、缺失出现，她会填满冰箱和橱柜，根据孩子的成长不断调整衣物尺寸……她用双手编织生活，确保生活的延续性，确保满足孩子们的需求、男人的欲望，还有每天的日常。就像神话中"达娜伊特的酒桶"（达那奥斯的女儿们被罚不断装满无底的酒桶）一样，她不断地填补着空虚和裂缝，打破沉默和安静，弥补所有的缺失。她将支离破碎的时间致力于让人们忘记空白，掩盖了他人生活中的中断和不连续性："她必须按照别人的时间表，包括自己的家人和外人的，来安排自己的日程。"她"用自己时间的不连续性，换来了别人无声和显而易见的连续性"，而她自己的时间则变得更加支离破碎。

女性负责秩序，她们会把那些不符合规矩的东西整理好。她们面对着泛滥的情感、问题和要求，她们管理着混乱的秩序，无论是物质层面上的"房子的杂乱无章"，还是内心深处的"混乱无序"，她们都不惜以心理超负荷为代价。她们整理物质上的杂乱，防止心理上的混乱，调整思想以使它们变得可接受，将分散无序的事物转化为线性的有序排列。她们会提前预见、预测、规划，以确保现实的完整性。她们帮助别人简化思想，为他人铺平道路，使他人免受琐碎想法的干扰和污染。只有她们，才能确保"衣柜里始终备有维持生计、生活和生存所需的一切"。是她们在确保"船只能够自给自足，保证生命的旅途自给自足"。女性的关注点在于维持连续性：让那些临时出现的想法保持在一个维度上，避免出现太多混乱，确保日常生活的连贯，不断向前推进。

她们以枯竭为代价确保丰盈，用自己内心的碎片化换来现实的持续性。她们作为生活持续性的创造者，将自己困在了当下，总是重新开始。由于不断地与自我分离，她们无法体验真正的自我存在。那么，如何才能找回自己"真正重视的东西"和属于自己的时间呢？

寻找你的声音

　　我是何时开始失去自己的声音的呢？似乎是随着岁月的流逝逐渐丢失的。曾经的欢声笑语、激情澎湃的言辞、热烈的即兴发言，都从我的声音中消失了。是我变得温顺、顺从了吗？我开始厌倦被打断、被压制、被代言，厌倦别人来诠释我们生命的意义。是谁用看不见的手捂住了我的嘴巴呢？是我自己。哪怕我不被人打断，或者不被其他声音掩盖，我的声音也变得越来越低，逐渐减弱。我的声音越来越适应它被允许扮演的角色，越来越适应他人，这意味着我经常不得不保持沉默。我放弃了表达自己的观点，放弃了发言，放弃用比别人更大的声音发言以让自己被听到。我按照经常被建议的那样，开始调整语调。我们放弃发声，压制自己的声音，是希望更好地融入社会的大合唱之中。

这正是美国哲学家卡罗尔·吉利根在其著作《不同的声音》中所阐述的，她深入分析了年轻女孩自我审视的过程。她们禁止自己表达真实感受，不让自己"具有洞察力的声音"被听到，她们的声音被系统性低估了。这是因为，她们的声音被认为过于"喧闹"，所以她们不得不放低声音，转而采用一种平淡、平静的声音，这种声音无法展现她们的个性。她们最终只剩下一个中性的声音，一个她们内心想要放弃、听起来虚伪的声音。就像精神分析师关注患者言语中的沉默和节奏变化一样，卡罗尔·吉利根也很关注"言语中声音的变化、不和谐以及断裂"，这些现象反映了对民主制度的渴望与强权思想之间的冲突……人们习惯于将自己的声音融入一个提前写好台词的对白之中，让它习惯一种不是它自己的旋律，而这些会对人的心理产生深远影响。声音中的情感和自我感觉如此紧密地交织在一起，除非发声的主体与自身的关系发生重大改变，否则声音是不会被改变的。

在女学者内欧米·施耐德与卡罗尔·吉利根合著的书籍《父权制为什么存在》中，前者从艾丽斯和艾米这两个年轻少女"喧闹"的形象中发现了自己的影子。在这本书中，她们获得一个位置的条件便是保持沉默。包括内欧米·施耐德本人在内的所有年轻女性的经历都是——同意主动放弃发声，让自己适应社会规则。艾丽斯决定放弃自己的声音，这让内欧米想起自己"保持低调"的过往，她说："我如同柔术师般不断扭曲自己，而社会给我的回报却是排挤我，让我丧失自我。"与上述内容相关的这一个章节的标题很具象征意义，叫作"第一个迹象：与失去的关系"。人们为了一个位置而放弃自己的声音，放弃了表达自我的意愿，放弃了让自己的声音被听到的机会。但实际上，我们放弃的是对自己身份的认可。同样，在这本书中，卡罗尔·吉利根谈到了少女凯莉，凯莉是一个消极颓废的少女，她总是竭力去取悦别人，最终却让自己疲惫不堪。她作为个体逐渐消失了，变成了别人，不再是自己，最后甚至不确定自己以前是什么样的。她说道："我们最终变成了自己的影子……逐渐忘记自己是谁，成为一个不同的人。我们无法感觉到自己所处的位置，因为从内心深处我们无法认同自己。"

处于自己的位置，实际上是一种身体体验。当我处在自己的位置时，我的声音是稳定的，是我自己的，不受各种审查或者主导性声音的压制，不是其他人的声音，不因焦虑而喘息不定，不因受各种限制而模糊不清。要处于属于自己的位置，首先应该释放一个自己的声音，一个被埋藏的声音，唯有通过这一埋藏的声音才能发现属于自己的声域。这样的声音也传达出一种主观性，通过传达不同的生命体验、对现实世界的多元视角，将自己添加到"人类对话"中，让那些目前不得不保持沉默的新问题浮现出来。

无畏的人

那些敢于离开的人是谁？远远看过去，他们是什么样子的？他们似乎看起来傲慢无礼，不愿待在原地，不愿安于现状。他们让人厌烦，他们会脱掉伪装，将生活重新洗牌，去往别的地方，去往那些他们不被期待的地方。正是由于他们的傲慢，他们远离了家乡，他们不请自到，挤走了那些地方的原住民，改变了那些地方人们的习惯。他们以自己的方式提醒我们，社会生活中所有人都存在共通的情感逻辑，都会有惊喜、创造、意外和失望，等等。而人们之所以待在原地不动，是因为他们被禁锢了。他们的变化与生物在四季和岁月中的蜕变是一样的。既然生物世界在不断变化，为什么人类的存在要受制于固定性和重复性呢？人类的特长在于善于通过建立习惯来创造稳定性，可是有时候他们会如同陷入陷阱一般自我封闭起来。为什么我们就必须待在我们出生的地方，满足于别人为我们选定的位置呢？

这些敢于离开的人的傲慢，正是他们雄心壮志的体现。他们渴望移动，渴望获得一个完全不同的位置，甚至创造一个适合自己、展现自己和表达自己意愿的位置。那是一个与他们的抱负、成就和能力相匹配的位置。因此，有时他们无意中显得傲慢，这可能是因为他们对新环境的习俗和规则不熟悉，缺乏规则的指引，使他们看起来有些粗鲁和咄咄逼人。如果他们打破了规则，那也是出于无意。因为他们试图让自己的行为和决定更有分量。他们不断尝试，四处碰壁。那些看起来傲慢的人动摇了制度，颠覆了习俗，清理了陈规旧习，他们善于发现并填补空白，勇敢地跳出既定的框架；他们绕过规则，跨越了边界，抬头仰望星空，对地面上的一切痕迹不屑一顾。

从内心来看，这与其说是骄傲或自大的问题，不如说是不安或羞愧的问题。我之所以渴望另一个位置，是因为在当前的位置上，我感到窒息。我注定会失败，就像一艘破败的小船终将搁浅。我感受到一种不舒服、不真实，这种对现状深深的不安，迫使我寻找别的出路。这种羞耻感，源自我作为一个工人、农民、工匠、仆人，或是他们的孩子的身份，是身边人传递给我的自卑，是他们希望看到我在他们没有成功的地方取得成功的愿望。因此，我为自己的出身感到羞耻，意识到自己的"局限"。我害怕出现在我本不该出现的地方。法国女作家安妮·埃尔诺在她的小说《位置》中描述了她父亲这种因"迁徙"而感受到的不安，以及误入错误车厢所带来的耻辱。

"他害怕格格不入，害怕羞愧难当。有一次，他不小心拿着一张二等座的车票进了一等座车厢。检票员让他补交了车票费。另一段羞耻的记忆是，在公证人那里，他应该写'已阅并同意'，可是他不知道怎么拼写，于是，他选择写上'待证明'。在回家的路上，他感到很尴尬，为自己犯下的错误深感困扰。这些经历，成了他心中难以抹去的羞耻阴影。"

有时候，我们不知道该把自己置于何处，也不知道该如何表达自己，对自己的现状感到羞耻。我们意识到，一旦突破现有的框架，就会受到限制，这正是我们被推向边缘的原因。然而，我们同样为自己满足于一种与理想格格不入的生活而感到羞愧。正因为我们无法接受成为社会的二等公民，面对一旦越界就受处罚的现实，我们仍努力跨越生活的界限。如果我们选择离开现有的位置，那是因为它妨碍了我们成为我们想要成为的一切。有时，这样做也是为那些被生活践踏、被社会轻视的人找回尊严。通过我们的成就，为那些以他们的牺牲、爱和信任，在我们心中种下跨越界限渴望的人正名。这使我们处于一个尴尬的境地，我们的成功，在某种程度上印证了那些助我们实现上升的人社会地位低下，那些人曾寄希望于我们"超越他们"。因此，背叛——迫使我们离开原生环境的力量——讽刺地成了我们间接继承的东西，它源自他人对我们的期望：超越他们，或许是为了他们而成功。这就是身陷其中的人内心的痛苦与挣扎，他们纠结于是该"变得更好"还是"保持原样"。

那些在文化层面与父母渐行渐远的孩子们所承受的痛苦，部分源自父母对他们的期望：父母希望他们能接受更好的教育，从而拥有更加幸福的生活，能够"超越自己"……然而，父母同时也希望孩子们能保持他们最初相识时的模样，继续与他们因相同的事物而欢笑，每天一起观看相同的电视节目。他们不愿在人生的旅途中失去孩子。父母们怀有双重忧虑：一方面是对孩子接受良好教育的期望，另一方面则是对孩子保持原有愿望的渴望。孩子们的痛苦，部分也来自他们意识到自己难以达成这些期望。

闯入的逻辑

该如何通过障碍？如何开辟出一条道路？通过占据那些能让我们以不同方式、更充分存在的地方，通过打造新的生活空间，并使这些空间为我们所用。有时，这也意味着必须强行介入。这并不是说我们要强行进入一个地方，而是指我们需要先离开困住我们、让我们沦陷的地方。毫无疑问，离开同进入一样艰难。

职位的转换往往伴随着地理位置的变动。"职位"这个词蕴含多重含义，这是不言而喻的。为了改变职位，我走过很多地方，这些地方也反过来塑造了我。职位，作为物质生活的支柱，成为通往其他地方的桥梁。如果我频繁出入剧院，或者我父母的朋友是演员或律师，那么这两种职业便可能成为我的选择之一。对我来说，一个职位越是脱离现实、越不切实际，我选择它的可能性就越小。当然，这个职位可能有很强的吸引力。但是，权衡考虑一个社会职位的实际状况、了解一个职位的大概轮廓，也是我在做出选择时必须考虑的因素。

有时候，这个新的位置会偶然出现在我途经的路上。这些地方是经过精心规划的，以至于它们出现时，我无从绕开。在学校、图书馆、社区中心，新的空位不断出现，新的人才逐渐显现，一些可能性逐渐变为现实。免费的、可访问的、开放的时间：有时一条岔路、一段意想不到的旅程、一条成功之路又取决于什么？通过思考这些教育和文化机构所处的核心地理位置和象征性地位，以产生意想不到的结果，这应当成为政策制定者长期关注的焦点。因此，城市布局的重要性不言而喻，我们也应该思考如何让居民能够更加便捷地穿梭于这些场所，这些地方就像是通往其他生活的闸口，在这里，人们已经在脑海中勾勒出其他地方的轮廓。在这些陌生的地方，我或是因为外边很冷，或者心情抑郁，或者被朋友带去，逐渐养成了新的习惯，采取了新的生活态度，或者喜欢上了其他生活方式。在图书馆里，我保持安静沉默；在剧院里，我可以热情奔放；在体育场上，我可以释放平时在狭小空间里积聚的能量。

但是，这种从一个点到另一个点的转移，也是一种侵占。这不仅是离开的问题，也是打破我们周围事物的问题；这不是简单的逃离或逃避，而是打开通往外界的大门，制造一个突破口，让光照进来。闯入意味着打破壁垒，以便我们能够通往外界、外面、他人，也允许外界或者他人进入自己的领地。打破围城，让障碍消失。是什么需要侵入我们的生活？为什么对某些人来说，必须打破困住他们的东西，才能在被圈禁、被边缘化、被冷落的地方之外真正生存下去？在现实空间里，不管是拥挤不堪还是荒无人烟，是什么让个人觉得自己的可能性如此有限？尽管说起这些，我们立刻会想到大城市里的社区，但如今，地理上的孤立、文化上的封闭以及有限的学习选择仍然限制着农村年轻人的命运。

那么，侵占或者征服，渗透进新的空间，违抗潜在的规律、潜藏的社会规则、荒谬的禁忌行为，会成为新生活轨迹的起点吗？

为了生存下去，我们需要打破什么呢？主要是那些观念和封闭的空间，它们像围墙一样困扰着我们。尽管"侵占"一词暗示着一种粗暴的方式，但我们可以谨慎、循序渐进地进入这些新领域。从一个领域滑向另一个领域，意味着我们的视角发生了变化。用法国哲学家吉尔·德勒兹创造的新词"déterritorialisation"（去地域化）来说，我们可以悄无声息地向自己渴望的空间靠近，让自己不知不觉被带入其中，而不自觉。现代艺术家卡德尔·阿提亚曾讲述过自己年轻时，作为一名市场销售员，如何进入邻近图书馆取暖的故事。自此之后，他在那里养成了翻阅书籍的习惯，在图书馆里读了一两年书后，他开始借阅书籍。他讲道：

"市场尽头，是这家图书馆的大门。有一天，天气很冷，我走进这道门，拿起一本书，之后我就养成了这么一个习惯……有一天，我需要把它们带回家，于是我最终付了会员费，办理了借书卡，我带着满满一堆书回了家。这也是一种侵占行为。"

那些移动的地方也是充满了想象、虚构和象征性意味的。不管是图书馆还是打开的书籍，一旦打开，就会带出另一个世界。正是通过这种空间上的移动，引发了象征性的变化，我们从谋生的地方，到了另一个可以创造其他可能性的地方。阿提亚将艺术家的工作定义为一种闯入行为，在他的展览中，他以《根也在混凝土中生长》为题，强调打破禁锢我们的堡垒的重要性。他说，"侵占的人类学意义"就在于将人类生存的必要性置于首位，即人类通过侵占行为实现生存。

混乱不清的位置

然而，在人们倾尽一切去寻找一个位置时，人们也可能会错过它。或者更准确地说，我们如同在两个位置之间航行，我们已经被这种游历、在世间穿行的经历所标记。我们费尽心思前往某个地方，但事实上我们永远无法真正抵达。似乎，旅行的体验已经取代了那个地方本身，仿佛迁徙的所有努力和动力已经像我们个性中的焦虑特征一样，深深融入了我们的内心，仿佛这种在出发点和到达点之间的摇摆已经成为一种内心的动荡，一种难以平息的不安。我们总是停留在两个地点、身份的两面、两种语言、两个国家、两个环境之间。当我们离开家后，我们就不再是当初的自己，但我们也永远不会与那些因偶然、流亡、战争或武力决心而加入的人一样。安妮·埃尔诺描述了阶层叛逃者继续通过被她抛弃的人来实现自我认可的撕裂感。她努力从现在与她相似的女性身上辨认自己,尽管她自己说:"我不喜欢我变成的这个女人,或者说不喜欢那些与我相似的人。这就是撕裂感。"

正如法国哲学家尚塔尔·雅凯精准分析的那样,阶层跨越者"处于两个世界的交汇处",因此他们经历着"起始阶级"和"目标阶级"之间的双重差距。他们表现出来的特点就是"差距习气",即一种"由跨越阶级的实践和中间体验所形成的存在方式"。从这种意义上说,跨越阶层者如同流亡者,既无法回到熟悉的原生地,也从未完全获得新国籍。他们被贴上双重差异的标记:在自己的国家,他们是外国人;在他们征服的新地方,他们还是外国人。他们两脚不断交替,内心里反反复复,永远无法真正安定下来。在精神上、情感上、文化上,他们不断在两个极点之间往返。他们拥有两种不同的行为方式,使用两种不同的语言。每个极点对他们吸引的强度随着生活的不同阶段而变化，就像月亮对潮汐的影响一样。这种内心波动的幅度、撕裂的强度，始终伴随那些"流离失所者"的人生，他们几乎总是逆流而上，要么回归起源，要么追寻远方的地平线。

对安妮·埃尔诺来说，这种"与世界的撕裂感"一直痛苦地"铭刻在她的身体里"。它"微妙地烙印在这片土地上，烙印在人们的脑海中"。这是一种无形的排斥体验：在一些地方，我们仍然感到不受欢迎，总是觉得不合法；在一些无法进入的地方，我们有一种闯入的感觉。以一种明显而具体的方式，我们仍然觉得自己不属于这个"不属于我们"的世界。陌生感持续存在，好像我们在这个社会空间中的存在和成功是一种"异常"，这使我们无法为之欢欣鼓舞：

"在这种情况下，甚至学业上的成功也不被视作一种胜利，而是一种不稳定而又古怪的机会，一种反常现象，总之，我们处在一个不属于我们的世界里。"

我们被要求低调地取得成功。法国思想家皮埃尔·布尔迪厄在其著作《自我分析草稿》一书中，也讨论了这一现象：只有在怀疑和质疑的背景下，在对教育机构的质疑之下，对一个人成就的认可才是完整的。事实上，我们在教育机构中经常面临暴力和不公正。正如他所说："原则上，对价值认可机构强烈的不认可，会削弱其在价值认可过程中的权威，这些机构如同恶毒和爱骗人的母亲一样。""恶毒母亲"的比喻生动地揭示了认可是如何从我们指尖溜走的。当人们对荣誉授予者持怀疑态度时，这种认可和成功又有何价值呢？那些已经对我们撒谎或欺骗我们的人的喜爱又有何价值？

因此，我们虽然努力提升自己，让自己在新的世界立足，但是最终所有的努力都付诸东流。而我们在这个世界上，更像玻璃橱窗后的孩子，或是观众而非演员。这个世界就在我们面前,但是我们却无法进入。用安妮·埃尔诺所用到的术语,我们是这个领域的"列席者",好像我们自己的生活与之存在距离,又好像我们并没有真正参与眼前发生的一切。皮埃尔·布尔迪厄也曾说过:"我们在某些未知的文化现象(从各个层面)面前感到困惑和沮丧。"我们假装属于这个环境,体验这个场景,但内心却充满疏离感,甚至是冷漠感。仿佛我们并没有完全置身其中,仿佛我们无法成为这一刻的一部分,无法真正体验它,无法直面现实,无法拥抱它。

因此,我记得这种弥漫的、模糊的存在,这种难以穿透现实的存在,就好像它的物质过于稠密、沉重、厚重,就好像有一层牢不可破的面纱将我与之分隔开来。我记得自己很难参与其中,也很难加入对话、融入圈子,成为团队的一分子。我还记得自己曾在心中默默祈祷能融入其中。但是,那个氛围里的某些东西,无形又敏感,用那种存在和可见的光环包围着我、回避着我、排斥着我。就这样,我停留在站台上，保持距离，一动不动，无法融入这个隐形的圈子。我想要加入这场舞会，但是我却缺乏动力、胆量和信心，我也缺乏自在感和灵活性。或许，在内心深处，我缺乏欲望和兴趣。对我来说，这场演出似乎太奇怪了，有时甚至显得荒诞不经。

"我进入了一个道德观、生活方式和思维方式与以往不同的世界。这种颠覆感一直存在，甚至连身体也能感受到。在某些情况下我感到……不，这不是害羞，也不是不安，而是位置的问题。就好像我不在自己真正的位置上，我在场却又不在场。"

"在场而又不在场"，这就是这个地方的麻烦，这就是"转变"的难点，它也是一种深刻的"颠覆"，是由暴力行动引发的巨大混乱。在这场转变中，有一种暴力，那就是撕裂。有些东西永远无法被妥善安置。当我们成为阶层背叛者时，我们身上总会保留一些混乱的痕迹，有一种处于中间状态的感觉，感觉自己从未完全属于这些新地方、新生活方式，这些东西继续从我们身上溜走，无法真正"吸收"。对尚塔尔·雅凯来说，跨阶层者就是"不合时宜"的人。

"他冒着永远流离失所的风险去转变阶级。他处在一个不恰当的位置上，处于内部和外部的交界处，处于一种中间状态，这种状态让他的心灵动荡无依。"

在安妮·埃尔诺和皮埃尔·布尔迪厄的笔下，这种灵魂的漂泊是痛苦的，而且不只在哲学家眼中如此。他们似乎还在其中看到了一种逻辑上的灵活性，一种重组的能力，甚至在其中看到了个体和社会意义上自我解构的力量。因此，尚塔尔·雅凯认为，人类转变阶级的行为证实了人类的可塑性、流动性和人类的一种基本潜能，那就是不断开拓，勇于追求超越。他写道：

"跨阶级者实际上证明了人的流动性和可塑性，即使在最不利的条件下也是如此……一个处于两个阶级过渡期的人，选择不再生育，为自己开辟一条道路，并且被他所穿越的世界所塑造和改变。"

他是一个"生活在两个世界之间的过境者"。从严格意义上说，他是一个"回归者"，像幽灵一样航行在两个时空之间。正如哲学家所言，他"从远方归来"。

事实上，我们可以认为，不扎根于任何地方是一种优势。没有固定的位置，能够从一个社会空间移动到另一个社会空间，从一个时代移动到另一个时代，能够设身处地地理解他人，这难道不是一种特权吗？从未完全适应环境，总是感到与周围环境不协调，能够让我们避免盲从，为任何形式的人类研究创造必要的批判性距离。这正是历史学家罗曼·贝特朗明确提出的观点。处于"之间"而非"之内"，不安于现状而总是变换位置，也许正是这种内在的"不安"激发了人们对人文科学的热爱。他写道：

"至于您询问我的，关于历史学家本人的位置，我的答复是：没有固定的位置。有些人确信有一个属于自己的位置，他们终其一生都在为争取和保持这个位置而奋斗。他们就像神学家马塞尔·德蒂安讲的那样，喜欢'扎根'。而其他人则没那么喜欢，其中就包括我。我深信，人文科学领域的很大一部分职业都来自这样一种感觉，即自己并不完全适应社会游戏的给定条件或身份设定。这就导致我们自身可能接受其他位置，游戏的条件和规则就是永远不要处在自己的位置上。"

真正的地方

难道就没有属于我的地方吗？在法国女作家安妮·埃尔诺和导演米歇尔·波尔特的系列访谈录《真正的地方》中，埃尔诺回顾了自己的心路历程，从感到没有归属到最终觉得自己"真正在那里"，找到了她"真正的地方"。这个真正的地方，并不是箭矢射中目标那样到达的地点，而是我们围绕其旋转的中心，是我们初看之下受阻无法到达，但最终却成功抵达的所在，而每个阻止我们的"障碍物"都成了"有益于她写作的现实"。因此，生活中错过的东西、失败、错误的选择和错误的道路，也许不仅仅是人生中错过的时刻，更是在混乱中将自我建立起来的矛盾经历。因为正是这种生活经历让我们感觉有必要追求新的可能性，追求其他的生活方式。

"真正的地方"，与其被定义为一个具体的地点，不如说是一种动态的活动，一种主体完全融入其中的存在状态，一种纯粹的活动，一种存在感的强化，一种完全的存在。正如安妮·埃尔诺所说，在我们"真正的地方"，我们有一种"最存在"的感觉。这种存在感存在于我们所做的事情中，存在于我们所生产的东西中，存在于正在开发的作品中，而不是以一种自恋自省的形式存在于我们自己身上。安妮·埃尔诺在谈到她写作《悠悠岁月》的那个时期时，特地强调了这种侵入性活动中出现的权力悖论：

"我虽被文字所囚禁，却全无束缚之感。恰恰相反，这种束缚赋予了我力量。我正处在我的应属之地。"

我们所处的"位置"是根据我们每个人的内在需要而确定的，它体现为一种力量感。如果说它的外在形式是占有和限制，那么它的内在实质则是主体力量的增强，以及对其创造能力的肯定。

"写作就是我'真正的地方'。在所有被占据的地方中，写作是唯一非物质，无处可归，但我确信，它以这样或那样的方式拥有了一切。"

对安妮·埃尔诺来说，这个非现实的地方，也就是写作，最初是作为一种想象的形式在她眼前展开的。这个"真正的地方"或许是她一开始以幻想的方式接触的领域，她可能梦想成为作家或医生，通过秘密筹划的方式，小心翼翼地向它靠近。因此，这个"真正的地方"无疑已经在一个秘密计划中长期存在，如同一段隐秘的旋律，只有这个"真正的地方"的主体本人才能听得到。

这种非现实的力量、想象的力量，使我们得以接触其他世界，接触那些与我们所处世界截然不同的世界，通过这些迥异的生命线勾勒出生活的丰富层次。安妮·埃尔诺在书中写道：

"阅读，就是想象力的'真正的地方'，我在这里过得非常充实，同时，它也将我与童年的现实世界划清了界限，向我展现了常常与我所处的社会模式截然不同的社会模式。在每一本书中，我都是完全虚构的，但这种虚构在我获取知识的过程中发挥了巨大作用……书籍是通往世界的门户。"

因此，可以说，我们不但是我们真正生活的世界的继承者，也是其他世界的继承者。安妮·埃尔诺在书中还曾说道：

"为了知道我们自己是谁，我们传承的是什么，我们需要将构成我们内在世界博物馆的碎片整合起来。"

诚然，我们最初的社会空间会给我们打上烙印，但我们也能通过电影、文学等艺术形式拥有其他外来世界，这些艺术形式为我们打开了新的生活窗口。这种探索其他外来世界的动力，将我们从虚假的生活引向我们"真正的地方"，这不是一种逃避，反而是一种遵循内心归属感和认同感的旅程。在那些艺术作品中，自我意识和对自身的认知如同在镜子中被映照出来。那些小说通过虚构的世界帮助我们从远处审视自己，深入揭示我们生活的真相。有时候，我们通过文学作品里的人物来了解自己是谁。例如，在法国先锋作家佩雷克的作品《物：六十年代记事》中，那对夫妻陷入了消费主义的错觉和现实世界不真实的关系中，这让安妮·埃尔诺反思自己的夫妻关系。这部小说的内容如同显影剂，说尽了扭怩作态、虚伪造作、自欺欺人。小说中这对夫妻同安妮·埃尔诺夫妇很相似。小说中的情节揭开了我们的真面目，讲述了我们生活的背景，暴露了我们不愿面对的真相。同时，故事也展现了我们生活的其他可能性。在这个意义上，可以说文学"揭开了生活中不透明的一面",文学是"揭秘和启发后的生活"。有一些阅读给我们提示和警示,指出我们的困境,鼓励我们寻找其他出路。法兰西学院院士、法国著名思想家皮埃尔·布尔迪厄在其著作《自我分析》中也曾提道:

"毫无疑问,这正是福楼拜提到的'过各种生活'的渴望,以及一旦发现新世界,便抓住一切机会去体验和探险……让我对多姿多彩的社会各界产生了兴趣。我觉得,是我那无尽的暑期阅读,激发了我探索未知社会环境的愿望。"

"真正的地方"也可以理解为与自我和解的所在。对皮埃尔·布尔迪厄来说,他的开篇之作《单身汉与农村文化》就起到了这样的作用。布尔迪厄认为,跨越阶层的经历在很大程度上是一种"不安宁",一种主体的焦虑,他总是处于紧张和矛盾之中,并试图通过充满分歧的习惯,去"调和矛盾和对立",重新探索现实世界的明暗两面,以实现他所期待的景象,但往往以徒劳告终。他认为写作是一种回归自我的途径,让他有可能以尊重的方式找回自己的童年玩伴和父母。这本书仿佛通过民族志的形式,让他与在学业中疏远的人们逐渐靠近,又仿佛是在恢复被埋葬的东西,恢复那些他为了融入社会而主动割舍的东西。他说道:

"通过这样的方式,我得以寻回自我的一部分,这一部分正是我关心他们的部分,也是我与他们疏远的部分,我不能否认这部分的自我,因为否认这部分的自我就意味着否认这些人,为他们和自己感到羞耻。而在回归本源的同时往往意味着被压抑的东西也在回归,但这是一种有控制性的回归。"

因此,关键是要找到一种合适的写作方式,克服对家庭与自我的羞愧和否认,尊重而不美化,描述而不欺骗。对布尔迪厄来说,民族志学方法是可以实现这一点的;而对安妮·埃尔诺来说,是"事实性"写作。以上两种写作方式,都涉及调整情感,通过一种保持疏离的方式来控制言辞。布尔迪厄通过放弃某些知识界的艺术化方式,将普罗大众作为思考对象,剥离他们语言中的修辞技巧,尝试一种"从新生中净化"的写作方式。通过这种方式,他将隐藏的冲动情感与隐秘意愿结合起来,而这两者正是生活中隐秘存在的两面。

重新发现那些曾经引导我们、微妙而萦绕心头的旋律,将我们各异的生活轨迹紧密相连,这些轨迹相互交织,而不是各行其道,让当下的自我与我们不懈追寻的自我达成和解,在我们的复杂性中获得新生。

欲望的不和谐

当我还是孩子的时候,我喜欢一个同龄的女孩,这个女孩有点古怪。

——勒内·笛卡儿《给夏努的信》

"你在他身上看到了什么?"我们的故事中,有令人不安的事件,有入侵者,有难以和谐共存的元素,还有如同我们努力书写的文章的奇怪注脚。我和一个拜金又粗俗的男人在一起生活,那个地方毫无吸引力,但是我却喜欢回到那里,我在那里还有些"不合时宜"的朋友,所有这些都揭示了我曾经是个什么样的人。所有这些不和谐的音符，我们声嘶力竭的时刻，我们做出不妥的动作的时刻，那些错误的时刻，似乎都被一股更强大、更原始的力量所吸引，将我们拉回那段我们试图抹去的过往。在故事里，我带着通俗的口音，使用粗俗的表达方式，但是我允许自己这样说话，仿佛它们是一种越轨行为。尽管我们努力伪装，但正是生活中的这些不和谐时刻，揭示了我们的起源。我们所做的不仅是伪装，我们还放弃了一部分过去，我们就像惯犯。那么，是什么重新控制了我们呢？

似乎每当社会阶层和分类开始变得模糊不清时，不和谐便随之产生。比如，当我们未能以恰当的方式或语调与人交流，当关系中出现"问题"，当一段不寻常的音乐在一次讨论中突兀地响起。正是在这些不和谐之中，我们才能瞥见社会轨迹的微妙偏离。这表明，这种努力对我们而言是有代价的。它可能在暗示我们，我们正接近自己的极限。因此，放弃自我的一部分，扮演社会喜剧中的角色，其代价过于沉重。它预示着颠沛流离达到了极限，这个地方再也站不住脚了。当我们无法再维持这来之不易的位置时，从我们的声音、我们说话的方式、我们颤抖的身体、我们脸上的红晕，都能察觉到这一点。

但是，这种不和谐同样揭示了个体对过往的渴望，他想往后看，想重新拾回曾经抛弃的东西，哪怕这意味着违背了曾经的承诺。他渴望重返往昔，重温那些不期而遇、激情澎湃的爱恋，他想要重新找回自己的语言和姿态。回归自我有时候会以意想不到的方式发生，这种体验给主体带来的惊喜远远超出了其控制能力。因为童年时的情感模式已经在我们的身体上留下了标记，所以我们只能在过去的牵引下行动。安妮·埃尔诺将这称为"初始世界的印记"，它会通过我们内心的情感和欲望冲动来影响我们的现在。如果说这些最初的快乐塑造了我们的幸福和快乐，那么它们也同样塑造了我们的情欲和性冲动。我们不愿放弃的也正是这些特殊的快乐。正如她所说：

"后来,我意识到那些初始世界在我身上留下的印记……也意识到派对、餐食、歌曲——这些常被视作粗俗和低级的幸福和快乐——所留下的印记,但我却感觉到了这些印记的力量。这些快乐显然与智力快乐相去甚远,但它们却构建了我自身。"

众所周知,我们对一个地方、一个阶层的归属感体现在我们的身体和情感上。我们所属的地方和阶层,也深度地构建了我们的情感模式。毫无疑问,我们的欲望留存了我们最初情感的印迹,它有时会出其不意地将我们带回到我们离开的旧环境,唤起我们对背弃之地那些人的回忆。即使我们已不在那里生活,但我们仍会被那些曾经激发我们激情的身影、言语和姿态所困扰。我们知道这种激情是如何把我们推向其他领域的;我们知道这种激情会如何同其他投射相结合,组成我们生活的铁三角架构,法兰西学院院士勒内·基拉尔就曾对这一点进行了阐述。如果一个人的欲望源于对笼罩着他或她的权力、荣耀或财富的环境的期待，那么，欲望可能会将其带回到早期吸引他或她的事物里，这种吸引很早就在他或她的情感记忆中形成了。因此，欲望会把我们带回我们不惜付出巨大代价离开的地方，尽管这种连根拔起的方式很猛烈，但它的再次出现还是会在不知不觉中把我们再次抛回那里。如果在童年或少年时期，爱慕之情是与渴望对象的某些身体细节结合起来的，我们会尝试再次找到它们，但不一定要确定这种倾向的来源。正因如此，笛卡儿对那些"斜眼"的女人（指患斜眼症的女人）情有独钟，这源于他童年时的一段感情经历，这段感情对他有着难以抵抗的吸引力。因为在她略显粗鲁的呼唤方式中，在她放肆的神情中，都回荡着昔日鲜活的情感。有时候，他感觉到不适和羞耻，并夹杂着一丝让人愉悦的熟悉感和情感消退带来的混乱快感。他回归到最初那种渴望，感受到这种渴望带来的突然又强烈的冲击。他重新找到了最早时期的感觉，这种感觉已经深深地刻在了他心里。而他的身体处于防御抗拒的姿态,因为这种欲望是他不应该去喜欢的。这可能就解释了他为什么喜欢"斜眼的人",只有我们能理解他这种喜好的内在逻辑。

因此,欲望的不协调,可能揭示我们来自何处。法国人类学家埃里克·肖韦在小说《劳拉》中,剖析了这种爱的冲动,它将我们带回到孩童时期想要努力逃离的"故乡",而那些庸俗的欲望,以粗暴的方式反映着我们是谁。我真的成了另一个人吗?这种欲望像一只来自过去的手,突然攫住我,质疑我现在的立足之地。这一新的、被文化所推崇的身份可能只是一种幻象。我到底是谁呢?劳拉的叙述者自问。面对劳拉这个受伤的年轻恋人所带来的困扰,这位知识分子还剩下什么?"你那破碎的美,把我推向高空,带我回到了青春时光。"爱情让我们回到原点。过往的某些东西重新浮现,仿佛从来没有消失过一般,揭示同一主体内不同"自我"之间紧张的共存关系。我找回了通俗的语言,唤醒了我过去的声音:"这些自传式的不和谐,如此生动地重现了那些侮辱之声。"当我被这些特别的情绪占据时,会发生什么?我是重新找回了自己,还是失去了自己?在这种撕裂的身份认同中,我该何去何从?忘记劳拉,压抑对她的欲望,假装"离开故乡",这意味着失去自我,失去一部分鲜活的自我。

欲望是不可预知的,也是令人不安的,因为它似乎在质疑我们的选择,质疑我们为搬到大城市并"说服自己我们是有价值的"而做出的无谓努力。我们离开那些环境,因为我们感到自己与之格格不入,因为环境已经扼住了我们的脖颈。那些曾经的语言从未真正属于我们,却以一种令人不安的熟悉感重新出现在我们身边。我们曾经认为已经抛诸脑后的地方,在我们的内心深处,在我们的心跳中,在我们的尴尬中,在我们无法控制的情感中,逐渐复活。我们就在那里,站在劳拉身旁。埃里克·肖韦以人类学家的口吻指出了自己的"自传式失衡",剖析了我们的非典型人生轨迹和热恋中的"反常"。这两个术语准确地表达了一种挑战规范和逃避常规的强大欲望。"反常"（aberration），顾名思义就是要偏离轨道。而其词源"aberrare"的意思是背离，就是要疏远、逃避、转移。而我们"反常"的欲望，就是要我们无意识地、强烈地回归到早期情感，这是一种浪漫的怀旧。

在《人类学》这个故事中，欲望再次动摇了社会身份，扰乱了行业规矩。故事中，一名调查员爱上了一位来自东欧的乞讨女孩。人类学家与乞讨女之间以不符合预期的方式短暂地交流了一下。当时的环境、两位主人公各自的身份本应预示着某种特定的交流方式和态度，但事情并未按预期那样发展。她本不该如此热情地感谢他，而他也本不该如此投入地接受她的感激。某些事情在不经意间发生了。这次相遇中，两人情感的厚度和密度超越了情境本身。刚开始是年轻女孩的目光，接下来是她的声音，然后是她的沉默，这些都让人类学家困惑不解。他说道：

"然而,我无法忽视她那奇异而强烈的目光,也无法忽视她那令人不安的声音。她未曾言说的内容唤起了我熟悉而又私密的景象。我在她的声音中找到了我在她的目光中发现的东西。亲切和遥远以一种更具表现力的方式交织在一起。"

这个场景有一种奇怪的熟悉感,它唤醒了沉睡的记忆。一个过去看似微不足道的瞬间,出乎意料地在此刻回响。这次邂逅的模糊性在于这个陌生女孩唤起的隐秘回忆,以及叙述者体验到的巨大亲切感,仿佛他在她身上找到了自己的某些东西。为什么这个年轻女孩如此打动他?因为她唤起了他遥远的童年记忆,因为在一种"嗅觉释放"中,她让他重温自己的孩童时光,从而揭示了肖韦所说的"他典型的童年阶段态"。这位被称作X或者安娜的年轻女子,尽管只是在停车场上短暂邂逅,尽管人类学家后来不断寻找,却始终未能再次遇见她,她在他心中留下了一道"裂痕"。

有些短暂的邂逅会对我们产生深远的影响,对我们身份的质疑远比多年的反思更强烈。在我们心中,某些人的重要性并不取决于相处的时间长短,而在于他们如何在我们的内心深处激起共鸣,在于他们释放或唤醒了我们自身的重要部分,在于他们在不经意间引导我们走向那些隐藏的真相。正如人类学家所言:

"我突然明白,通过探索X的人生履历,我可以洞察自己的一些细节。"

这种身份本质上是由一些感性的印象和氛围织就的。这位人类学家的玛德琳甜点散发着柏油、防晒霜和金雀花的味道,饱含着夏末秋初的气息,是"行将结束的夏天",带有"泥浆、发霉的草绳和新鲜水泥"的味道。它有着"夏日暴雨的沉重压迫感",同其追寻的X那熟悉又疯狂的身影感觉相同。那些与众不同、令人惊奇、不合常理的爱情,无疑在某种程度上揭示了我们内心深处私密而又古老的东西。它们揭示了一种融合了早期情感、声音和气味的模式，爱在这些声音和气味中孕育，人们在找寻这些东西的过程中得到欢愉，并找回一部分最初的自我。

在人类学家亲近的人看来，他对安娜的这种不同寻常的热情是一种"反常现象"。他们对他的感情持怀疑态度，认为他不可能真正爱上这个女孩，就像我们可以去定义我们无法爱的人一样。这位人类学家爱上了他的"研究对象"，此举动摇了他的学者形象。或许，正是因为这个学术角色并没有在他身上根深蒂固（他曾经提道"被从这个女孩生活中剥离的痛苦"），并且突然转为其他角色形象，这才是这段爱情最令人不安的地方。而他们俩在停车场共同度过的那个奇异时刻，以及这次偏离生活轨道的时刻，对叙述者和他的童年以及他身份的某个层面有着深远意义。

漂流和溢出

有些欲望仿佛一股无法抗拒的逆流，将我们拉回到那些我们以为已经翻篇的情感年代，让我们重新面对那些曾经的爱恋，以及那些尽管遥远但仍在心底深处回响的感触和牵绊。而另一些欲望则相反，会把我们从一个令人窒息的地方解放出来，让我们彻底流离失所。激情的力量就在于这种溢出，这种远离自我的漂流，而快感的力量则是在自己允许的情况下，放弃部分自我，尽管其中会存在越轨和撕裂。

法国后现代主义哲学家吉尔·德勒兹指出，欲望驱逐我们离开常规活动领地，寻找新领地，让我们产生新奇和差异感。而屈服于这种欲望，则是摆脱自我或发现其他自我的一种方式。这种找寻其他自我的欲望,也是对改变自我、寻找全新自我和以前从未体验过的生活方式的渴望。这正是我在欲望中追寻的东西——那种充满迷失和困惑的乐趣。正如法国哲学家和精神分析学家安娜·杜弗勒芒特尔所说的那样,邂逅闻所未闻的事物。

或许,在更深层次和更幽暗的层面上,我们渴望体验一种迷失,我们想要丢失自我,将自己释放。这不仅仅是被渴望所驱动,而且更多的是被这种欲望所抹消,是主动消失。欲望推动我们从自我认同走向他者,或者消解自我。我们将被欲望被动地带向何方?沉浸在这份激情中,如同沿着斜坡滑落,这是否意味着我们默许了自我牺牲的行径?

我们在书中已经读到过无数次,也亲身经历过一两次,激情的力量让我们变得面目全非。它让我们焦虑不安,因为它让我们变成了无法预料的其他人,剥夺了我们的意志,或者更准确地说,完全唤醒了我们的意志,赋予了它一种未知的力量。这就毫不奇怪，人们会借用自然界的极端景象来隐喻爱情，比如雪崩或者飓风，它们以暴力之势将我们卷走或者吞没。奥地利小说家斯蒂芬·茨威格就曾在其著作《一个女人一生中的二十四小时》中着重描述了这种无法预测的变化，他写道：

"也许，那些对激情一无所知的人，只有在极为罕见的时刻，才会遭遇那种突如其来、如同雪崩或飓风般的激情大暴发：在那一刻，多年沉睡的力量会猛然觉醒，并在一个人的内心深处汹涌澎湃。"

这种暴发的自然景象，生动地描绘了在前期生活中积累的所有能量突然释放的场景。就好像抑制这种内在、被压抑的力量的努力，在与某种邂逅或诱惑接触时，瞬间崩塌。这种情况或许并不出人意料。故事叙述者提到，一个女人在经历多年的乏味和失望之后，可能会像童话中的孩子一样，随第一个吹笛者逃离。我们之所以会陷入这种激情，是因为激情让我们摆脱了因束缚、习惯或逆来顺受而受困的身份，也让我们摆脱了无法真正成为自己的挫败感。这种爱的激情看似是一种逃避，但其实更深层次地表达了我们通过牺牲社会角色（妻子、母亲或者一个受人尊敬的女人）来释放自己的渴望。一个受人尊敬的女人对一个陌生男人的荒谬激情——这种没人能理解却人人都想要批评的荒谬激情——对我们自认为重要、实则脆弱的关系（比如这个母亲和孩子们之间的纽带），对我们的社会身份以及它对个体生活产生的影响，究竟意味着什么呢？答案是，它揭示了我们需要褪去那层覆盖在我们身上却并不属于我们的外衣。在这场爱的冒险中，我们将会对自己的发现感到惊讶和震惊。

背叛、放弃，这些都是能彻底与过去的自己切断联系、放弃兑现承诺、打破当下生活和身份的方式。那么，我们如何才能彻底变得与原本的自己不同？在我们生活的某些时刻，我们迸发出的激情可能暴露了一个深层次的自我破坏的欲望，一种自我毁灭的倾向。在这种情况下,我们在否定自我的过程中,不知不觉建立起了愉悦的感觉。在我们内心深处,有什么是真实的、个人的和自愿的?激情是一场烈火般的考验,因为它残酷地让我们面对自己的真相:是爱情的灼烧使我扭曲,还是因为面具被揭开,露出了真正的我?为什么要让自己陷入某些爱情注定的灾难?为什么要选择迷失自我?

有时,在邂逅之初,我们便已预见到即将到来的灾难。我们也知道,如果我们屈服于这种实际上已经占据我们的激情,我们将会被什么席卷、摧毁。然而,这种激情所带来的存在感是如此强烈,以至于它变得不可抗拒。用作家莎拉·奇切的美妙表述来说,激情是一种"毁灭性喜悦"的矛盾体验,是一种通过放弃部分自我而带来的双重快乐体验。她写道:

"我们的目光交汇。一个念头在我脑海中闪现,我想要立刻逃离,以避免面对未来那漫长岁月中毁灭性的欢愉。"

激情是我们不得不面对的现实。我们清楚地意识到,在激情的旋涡中,我们将失去之前的生活。因为在这种强大的爱情力量面前,过去的生活不过是自我遗忘的序章,所以我们才会如此渴望拥抱它,因为它似乎能让我们短暂地实现自我救赎。

在作家玛丽亚·波歇的小说《火》中,四十岁的大学教授劳尔爱上了五十多岁、居住在拉德芳斯商业区的财政部官员克雷蒙。她面临一个抉择:是否应该抗拒这份感情,回归她之前的家庭和婚姻,回到那种充斥着"锅碗瓢盆"的日常生活。她自问,是否应该"抑制那进一步沉沦的欲望"。

人们往往认为,屈从于欲望,沉浸于激情,意味着堕落得更深,认为这种激情会毁掉我们,但这不正是我们内心深处隐秘的渴望吗?摆脱所扮演的角色,摆脱做自己的疲惫,摆脱除了变老之外一无所有的沉重生活。我们或许应该坚守家庭生活,扮演好妻子和母亲的角色，让我们内在的机器继续运作，多年来，在亲情和家务这些吃力不讨好的重复性工作中，这个机器般的自我已经取代了真正的自我。但是，这难道就是我们双手的真正用途吗？我们的生活和我们的身体都被挤压了。我们被困在这种消耗和扭曲自我的生活当中。书中，劳尔对自己说道：

"你多么想停止背叛你双手所担负的使命。你想刺绣和爱抚，不再对自己犯下罪行。"

但背叛是不可避免的，它就发生在当下。我们会背叛亲人，背叛配偶，背叛孩子，而为了结束这种针对自己的罪行，我们往往需要满足自己感官和肉体的所有欲望。正如女作家阿芒迪娜·德所说，"现在就稳定下来还为时尚早"，因为"我们需要漂流"。因为那种缺失感，那种巨大的空虚感，是无法在夫妻关系中得到解决的，所以我们只能离开和背叛。"于是，在家庭和孩子之余，仅仅是几次孤注一掷，人们就抛弃了一切。"

如果我们任由激情来羞辱和扭曲我们，是因为我们自愿如此。在激情的诱惑下，浮华多余的东西烟消云散，它剥离了时间在我们身上累积的层层赘饰，激情把我们从这些枷锁中解放出来。在意大利作家迪诺·布扎蒂的小说《爱》中，受人尊敬的五十多岁的男人安东尼奥·多里戈爱上了一位年轻的米兰妓女莱德。这段"荒谬、无意义且毁灭性的故事"，这种可笑的爱情，"虚假和欺骗"的爱意，让他痴迷不已，其强烈程度超过了这段不伦之恋的荒诞性：

"在那一刻，他意识到自己完全不快乐，没有任何出路，这是荒谬和愚蠢的，但又是如此真实和强烈，以至于他再也无法找到平静……他的胸中、全身经脉之中，似乎有一团内在的火焰在燃烧，一种静止不动却又痛苦的力量在郁积。"

因此，他迫切需要强烈地重塑自我，摆脱原来的自己，摆脱原来的社交圈、外在形象和习惯。在激情的驱使下，安东尼奥如同一个陀螺，不停地旋转，直至身影变得模糊，头脑变得昏沉。他的一系列举动是荒谬和疯狂的，沉醉于爱河之中，让他失去一切方向，内心的烈焰燃烧，史无前例地炽热。安东尼奥在这场激情的舞蹈中迷失了自我，被激情牢牢地捆绑着。最终，他遍体鳞伤，被这段难以置信的强烈感情所灼伤。

"他仿佛变成了游乐场中旋转木马上的一匹马，那木马突然开始疯狂地加速，越来越快，而驱使这旋转的正是莱德……木马旋转得如此之快，以至于无法再辨认出马的形状，只是一个震动的白色装饰物件……他不再是他自己，成为一个没有人能认出来的陌生人……他以前从来没有如此强烈地冲动过，他也从来没有如此鲜活过。"

双重人生

有时候，我们会同时在两个平行的层面上生活，并且期待两个平行层面可以并行不悖，不会发生碰撞。有时我们需要相信，这种双重生活能让我们摆脱单一生活的宿命，为我们本已如同千层酥般层次丰富的生活增添更多色彩，为我们编织一个与眼前现实不同的新故事。这种生活因其隐秘性和真实性而变得珍贵。它们将世界一分为二，如同用不同的旋律演奏，尽管悄无声息，却强烈共鸣。它们让我们摆脱了既定的位置，让我们得以用不同的方式体验生活。仿佛我们能够在同一时间存在两次，享受两种自我。这种双重生活揭示出我们内心的撕裂，难以成为自我，难以适应一种身份。那么，是什么样的焦虑和缺失感，促使我们去探寻新的生活呢？正是这种隐秘的双重生活，让我们生命中未能完成、悬而未决的那些时刻得到修补。有些爱抚平了我们童年的创伤，减轻了我们的痛苦；而有些爱，则将我们从暴力的青春期中拯救出来。它们让我们和过去的痛苦和解，缓解了我们曾经的压力，使我们能够继续沿着故事线前进，或者给予我们力量，让我们能以不同方式来讲述这些故事。

这种充满新奇感的爱情，映照出我们内心深处未曾清晰意识到的想法。它超越了对新奇的追求，更多的是内心一种深刻的认同，一种不可言说的熟悉感。它在我们心中激起涟漪，这种迸发的激情揭示了我们心灵深处的隐秘裂痕。这种非凡的爱情，在我们内心产生共鸣，击碎了习惯的粗糙外壳，让我们重新寻回了最初在世界中的流离失所感。它引领我们超越了表面的喧嚣与无目的的动荡，让我们得以直观地感受到生活的旋律。正如精神分析学家安娜·杜弗勒芒特尔在下面这段文字中所说的那样：

"当我们离去，再次归来时，我们不再是同一个人。正是这种新奇感，它回应了我们内心的支离破碎，粉碎了我们的习惯，长久以来，我们通过一种预设的、过滤的、预录的方式来感知世界，我们总是预想、预知、预测、预猜，以免突然遭遇未知、闻所未闻的事物。然而，当爱情突如其来地降临，它会让你在街头拐角处遭遇所有可能发生的新奇际遇。"

创造自己的空间

这种秘密生活的快乐同样可以在那些静静经历孕期的孕妇身上找到。她们不也是在体验着同时存在于外在与内在两个世界的双重生活吗？这包括两种表现形式：一种是显而易见充满喧嚣的，另一种则是隐秘而宁静的。究竟是何种深沉的爱，让怀孕的女人从现实世界外在的喧嚣中抽离，转而专注于倾听自己身体的低语，留意那几乎察觉不到的孕期迹象，感受那个正在孕育的小生命所带来的颤动，于她而言，这些远比那些大张旗鼓呈现在她面前的事物更弥足珍贵。

我们深知，对于即将到来的新生命，我们会从心理上投入多少，我们的思想、忧虑和期待都汇聚于他／她。我们能感受到小生命给自己的身体带来的隐秘变化，我们在他人面前默默守护着这份秘密。这种生命的共存，还能为我们带来何种独特的体验呢？这个存在于体内的小生命，是如此让人喜悦和沉醉，以至于我们的注意力不再聚焦于外在的世界，而是不停地回转到这个小生命身上。"准妈妈"把双手放在肚子上，回应着腹内胎儿。这并非投射，亦非母性的幻想，更不是母亲对孩子饱含爱意的想象，而是一种尽管近乎无形却十分强烈的联系，这种联系已经悄然取代了之前在她生活中占据主导地位的事务。怀孕的女性，宛如伯格森派艺术家和笨拙的朋友一样，总是显得"心不在焉"。她的意识完全转向了她体内这个新生的主体，她与孩子之间的无声对话，在孩子尚未出生之前就已经开始了。

对孕妇来说，体内婴儿这个存在，比她本人更加亲密，也将比任何其他存在都更加亲密。在圣奥古斯丁的《忏悔录》中，在他谈及神性的内在性时，我们能惊奇地发现类似的表述。他在书中还提到了人类延续带来的快乐，提到人类存在感的强化。难道，我们不正是从一些怀孕的过程中，在与体内生命的接触之中，以另一种方式来感受心灵的成长、扩张和强化吗？

内心的空间

若我们能理解他人最根本的感受，我们将始终能与他们和谐相处。他们更愿意在自己的生活里保留一些特定的领域，不让这些领域完全占据自己的全部，而是让它们仅在特定的位置和空间中占有一席之地。

——亨利·米修《转角柱》

然而，我是否真正处于自己内心和身体中的正确位置？我究竟在何处才能感到"属于自己"？亨利·米修在其散文诗集《转角柱》中，探讨了内在自我所占据的"位置"。我究竟身在何处？是在我的大脑、双腿、肠胃中吗？我感受到的是兴奋、怀旧、疲惫还是无聊？无疑，我存在于一个"内在空间"，那是我的"基础感觉"，是构成我日常存在的情感基石，如果可以用这种方式表述的话，这种内在感受便是我的精神形态或心理轮廓。我们每个人都坚持着部分自我，而这部分自我是无法从外界识别的。当我们倾向于靠眼睛来观察的时候，又怎么同一个倾向于用手来观察的人交流呢？他通过触觉来感知世界，而我们则是远距离地观察。我们凭借感知、情感、身体习惯等方式与世界互动，不同程度地在世界上散发光芒。我们的生活是多样化的，我们被感情、伤痛和欲望以无数种方式吸引和影响，致使我们的内心世界产生差异。伤痛让我们从头到脚发生巨变，剥夺了我们的思考能力，让我们陷入纠结的困境之中。而身体或心理上的创伤更是深刻地触动了我们的内心，使我们不再停留在过去的状态，它们让我们的内心纠结缠绕，扭曲变形或者畏缩不前。

我的内心世界里，存在一些我未曾涉足的空白区域，一些未被探索的地方，就像有些肌肉我从未使用过，或者有些器官我并不清楚它们的确切位置一样。有些情感体验对我来说永远是陌生的，无论是愤怒、激动，还是骄傲、野心，对我而言，它们始终是抽象的。我能理解那些被这些不同情感所影响和困扰的人吗？我能洞悉这些情感所处的隐秘之地吗？对我来说，这些人可能注定成为一个"对面的神秘人物"，因为这种情感上的距离感而隔开。所以，我可能永远无法完全代入别人的角色，即使这个人是我亲近的人。我又能真正体验到什么样的共情、同理心呢？

如果我能洞察他人的情感所在，了解他们心灵的宫殿或内心深处的秘密，如果我能触及他们内心的"位置"、他们内在的状态，或许我就能真正理解他们的内心世界，并能用与他们产生共鸣的话语与他们沟通。然而，现实中，我的话语往往在一片空洞中消散，没有回音，我以为自己能够抵达他们的心灵深处，却发现他们的心并不在那里。我以为他们很悲伤，但实际上他们很愤怒；我以为他们仍然满怀爱意，但实际上他们已经释然，而我却仍将暧昧的情感投射在他们身上。我总在他人身上投射那些我熟悉的情感，并将这些情感与他们当前的处境联系起来。然而，无论何时，我都是站在自己的立场上与他们对话，从未真正踏入他们的内心世界。即使是最亲近的人，对我而言，依旧是一个谜团、一个疑问，充满了不可预知的变数。他们既能给予我爱，也能对我不忠。我们最亲近的人，未必就是我们所认为的那个人。实际上，我们内心世界的排序和灵魂的共鸣，并不总是与我们在外部世界——无论是生活空间还是社会地位——的实际位置相吻合。

那么，我们是否应该放弃理解他人的尝试？我们是否注定是局外人，永远无法真正融入他人的内在世界？米修通过他的作品给出了这个问题的答案。尽管一些哲学家认为内心世界是不可逾越的鸿沟，尽管米修自己也对能否真正进入他人的内心"位置"持怀疑态度，但他的诗歌却激发了我们情感上的共鸣。他运用夸张的意象、词汇的碰撞和充满张力的语言，让我们深切地体会到那些痛苦之人的处境。诗歌，就像小说或电影一样，拥有这样的力量：在阅读或观看的瞬间，通过细腻的触动或强烈的冲击，让我们对一个从未亲身经历过的地方产生共鸣，仿佛我们曾在那里。文学作品的力量在于它能够带领我们走出自我，触及不同的生命状态、不同的地域，并与之产生情感联系。尽管米修坚称每个人都有一个"私人财产"，一个"他人无法理解，甚至无法想象、更不用说亲身体验的私密之地"，但他的作品却展现了相反的一面。通过他的诗歌，我们得以窥见他人内心世界的秘密一隅。

那么，我们能否明确自己在这张内在情感图谱中的位置呢？我们的位置是否同样变幻莫测，随着人生的际遇、风向的变化和情感的波动而不断迁移？实际上，我们对自己所处位置的认识往往是模糊不清的。我们每个人的位置,我们每个人内心世界的根基,是一个持续演变的中心,一种习惯性的存在,它在动荡中寻求平衡,在漂泊中维持自己的节奏和规律。这种存在的基础色彩可能是忧郁的,也可能是无忧无虑的;它可能充满困扰,也可能充满自信。这个中心构成了一个人回归的终点,"这个不断变化的中心,塑造了每个人独特的习惯,拥有自己的周期和不规律的变化,赋予每个人独特的个性。它是每个人退隐静心的圣地,也是人们重新出发、再次闪耀的起点,在微妙或不易察觉中不断移动"。

这个内在世界,归我所属。"那个区域模糊但强大,对每个人来说都极为独特",它是我们熟悉的领地,也是我们在某种意义上必定能找到自我的地方。这个不确定且模糊的地方,始终属于我们自己。米修说:我不可能混淆这个位置,否则我会迷失自我。唯有欲望能让我从这个地方离开,带领我踏上一个未知世界的旅程,让我放弃自我,彻底迷失。米修

写道:

"一位外来女子翩然而至,她给了我无尽的快乐,这份快乐近在咫尺,却又遥不可及。她带我环游世界,一次又一次……对这些我无法理解的旅行,我很快感到疲惫,它们如同一阵缥缈的香气,转瞬即逝。我诅咒着,离开了她,在这个星球上彻底迷失,为自己的处境而哀泣。"

栖息在身体里

我们的生命在哪里？
我们的身体在哪里？
我们的空间在哪里？

——乔治·佩雷克《非凡的日常》

我看着别人的身体，线条清晰，轮廓有型。反观自己的身体，却显得模糊不清，没有清晰的线条，没有明确的棱角，它只是一团柔软的肉身，无力地依偎着衣物的轮廓，似乎已经放弃了对形态的追求，不再寻求外界的赞誉或认可，不渴望任何存在感。

它仿佛已经放弃了对形状的执着，仅仅满足于作为一团厚重的肉体而存在。它似乎仅仅是物质，没有弹性，没有鲜明的特点，没有任何标识身份的属性。又或者，它只剩下了重量，只有压迫感，只是重担，成为我难以驾驭的负担，使我难以以本我的方式生活。我已经无法忍受这副身体了。

是谁在倾诉？是那个因为疾病、衰老、错位的性别，无法或者不再认同自己身体的人，是那个艰难支撑着身体的人，是那个将身体视作一种束缚的人，是那个感受到陌生、愤怒或痛苦的人。有时，我渴望摆脱这个身体，就像摆脱一个老旧的废弃物品，我梦想着蜕变，成为另一种生物。我梦想着一觉醒来后成为完全不同的人，摆脱这个无法真实表达自我的躯壳，它背叛了我，让我感到困扰。我渴望从这个污秽的身体中解放出来。有时候感觉自己没有处在正确的位置，首先意味着在自身的肉体躯壳中感到不适。同时，我也厌恶自己的外貌，对身体的变化感到焦虑，不管是在十三岁时还是在五十岁时都是如此。法国哲学家米歇尔·福柯就曾提出这样的问题：当我们的外在形象羞辱了我们自身时，我们该如何面对自己的形象？他写道：

"每天早晨，我看到的是同样的外在，同样的伤痕。我眼前的镜子里浮现出一个我无法回避的形象：瘦削的面庞，佝偻的双肩，近视的眼睛，稀疏的头发，看起来真的不好看。而且，就是带着这样一个丑陋的脑袋、一具我不喜欢的囚笼般的外壳，我还不得不对外展示自己，出门散步。我不得不带着这个囚笼讲话，观看世界，也被世界观看。我不得不披着这具皮囊，腐朽地活着。"

如何去习惯一具我们认为丑陋的外在躯壳？有时候，我觉得自己不在正确的身体里，不在一副本应表达我真实身份的身体里。我像穿着一件不合身、材质糟糕的衣服，遭受着来自自己身体的折磨，它对我来说就像一个荒谬的伪装。这个身体只剩下羞耻、笨拙、缓慢或痛苦，我想重新设计它，重塑它、打磨它。"他扩展自己身体的边界，探索自我的所在；他否认自己的存在，以求得更深层次的自我发现。"

我渴望重塑这副扭曲的身躯，让它服从于我的意志，我期望能够自如地栖息其中，不再成为它的囚徒。愿这副躯体能够映射出我内在的灵魂，而不是成为扭曲我真实自我的枷锁。我梦想着摆脱这具躯壳的束缚，获得新生。"我打破了这具外壳，我正从身体的桎梏中挣脱出来。"

这副躯体让我精疲力竭。我努力不懈地塑造它，但这种形态却像沙堡一样轻易崩塌。我无法以身体的真实状态生活（因为我不得不隐藏身体的丑陋、疲乏、病痛、残疾，以及各式各样的伤疤），我只希望它是我希望的样子（没那么女性化，没那么男性化，没那么性别突出，没那么明显的痕迹），我不断地尝试着去适应那些陈旧的框架、理想的标准，或者仅仅是追求一种普通的"常态"。

我们希望摆脱亲近的人或社会所要求的标准，它们就像紧身衣一样束缚着我的身体。米修描述了这种被禁令束缚的感觉，以及将这种形式从自己身上驱逐出去，一劳永逸地摆脱它的必要性。

"总有一天，我会拔掉那个将我的船固定在海上的锚。我将把这副被认为已经根深蒂固、功能齐全、与我周围人和同类相匹配的身体抛得远远的。"

于是，我们渴望发生灾难，彻底颠覆一切，让一切从零开始，在最真实的情况下，活出自我。正如米修所说，"被降至灾难般的谦卑"，我们或许可以期待以一种不同的方式体验这个身体。

但根据法国哲学家米歇尔·福柯的说法，身体是一个"无法摆脱的地方"。这个"空间部分"是永久分配给我的。正如他所说，"我的身体是我指定要依靠的地方"，我想要摆脱它，但问题在于，"没有它，我没法行动。我无法离开它，去别的地方。我可以去世界的尽头，我可以早上蜷缩在被子里，把自己变得尽可能小，我可以在沙滩上晒太阳，但是，它却依然在那里，在我所在的地方，永远不会在别处。"

那么，该如何走出这个阻止我成为自己的"牢笼"呢？当我在自己的身体里找不到归属感，有时候甚至尝试抹杀、损坏、抛弃这具躯壳时，我该如何是好？如何让我的外在形象和我的身份认同相一致？有些人尝试通过着装、运动、整形手术、激素治疗等手段重塑自己的身体，以达到内外和谐。有时候，简单地剪短头发，换上新衣服就足以去除外在的累赘。我们脱去那些浮夸多余的装饰就足以展现一个新的自我，哪怕这个新身份早已深藏于心。有时候，这个身体，作为女性时显得十分笨拙，但一旦以男性的身份呈现，就变得灵活自如，摆脱了束缚。就像一套不合身的衣服让我显得笨拙、滑稽一样，这副女性化、装扮不当、局促的身体也会让我感到可笑和难堪。

当我的身体成为战场，被我自己以外的欲望或投射占据时，我可能也会渴望重新夺回它。我们与自己身体的关系往往被其他人的目光或者评价所影响，虽然这些人并不经历身体的日常考验。我们中的一些人很早就经历了身体被剥夺的感觉，因为他们会遭遇他人的暴力或者受制于科学权威的断言。我的身体不再是我的专属领地，它被剥夺，成为附属品。于是，我放弃了自我，内心产生一种言论，不再认可这副身体属于我。这些意识里的身体，被科学论断、种族主义或性别歧视的偏见以及性幻想等思想贯穿其中，渗透并扰乱了个体对自身的感知。因此，我们需要思考身体与自我的关系，不再被外界的解析所扭曲，而是以本我的身份来使用自己的身体，成为那个能就自己的身体体验发声的人。

此 地

身体首先是一个"此地",是一个偶然的、意外的地方,我被困在其中。正如福柯所说,我们的身体是"绝对之地",我们无法逃离,无法抵达别处。它是那个"没有它我无法移动"的条件,它是我最初的起点,一个我无法离开的地方。由于某些环境和偶然性因素,它成为我的身体。它就是我所处的位置,它十分随意,它由此决定我的身份并限制我,我会对此感到十分不满。身体这个"此地"揭示了这个位置的随意性以及我的外形的偶然性。这副身体就在这里,但它本可以完全不同。尽管它的起源是偶然的,但对我来说却是永久性的,决定了我的人生。我无法逃避它。我已经与它紧密相连。它

"永远不会处在其他阳光之下"。

身体这个"不可逆转的此地",既是我们的起点也是我们的局限,它激发了我们对乌托邦的憧憬和对别处的渴望,它唤起了我们对轻盈、无形和不朽之躯的幻想。然而,福柯却引导我们对这个"此地"进行另一种理解。因为,这个"此地"不仅关乎空间,也关乎时间。我需要通过具象化的手段,通过肉体体验到存在感,来全身心地感受此时此刻。正是在意识被肉体俘获的过程中,在身体被欲望、爱与性攫取并重新结合的过程中,主体才得以重组。我以"我所有的密度"而存在,我获得了"确定性"。在别人对我的爱慕、充满关切的接触给予我的身体体验中,我获得了深度和强度,以及对存在的确信。福柯写道:

"也许我们还应该说,做爱就是感受自己的身体在自己身上闭合,是在他人的掌心之中,全然体验一种超越乌托邦的存在。在他人触摸你的过程中,你身体中平常看不见的那部分开始显现，你的嘴唇在与他人的接触中，变得敏感，你的脸庞在他微闭的双眼前变得清晰，终于有一个目光能看到你闭合的眼眸。爱情，它平息了你身体里的乌托邦梦想，使其安静下来，如同将其放入一个盒子一般，将其封闭，封印起来……如果说我们如此热衷于做爱，那是因为在爱中，身体就在这里。"

因此，当我在"此地"时，在爱情和性中，我才是在我的位置上。当我停止通过思想、记忆或者痛苦来逃避现实，逃避这个地方和此时此刻时，我才能找到自己的存在感。而找寻自己的存在感，经常就是那些消遣和娱乐的目标。人们常说，亲密的肉体关系会让我们忘掉自我。我试图在这种关系中迷失，渴望在这种古往今来存在的欲望中与他人融合。福柯说，我最终找回了自己，回归到自己身上，在幸福的回归之中与自己融为一体。我的身体自己闭合起来，成为一个整体，重新成为一个属于我的地方。它不再躲开我，它成为一个封闭、充实、密集的整体，而强烈的爱意、他人双手的触摸，重新赋予了它形态、身份和生命。

正如精神分析师和小说家萨拉·希什所言，爱人的身体包容着我，通过这种"包容"，让我重新构建自我，实现自我统一，甚至可能与自己和解。我们正需要这种肌肤摩擦、身体重叠，只有在这种强烈的自我和他人的存在感之中，才能重新占有自己的身体。

当生命脆弱不堪，当生存充满不确定性，当一切都岌岌可危时，无论是在渺小生命的开始，还是在生命终结的疲惫之时，正是这种肉体接触让我们保持着活力。在温暖的传递中，在心脏的跳动声中，在皮肤与皮肤的接触中，支撑着早产儿的生命努力。当我们紧握着垂死之人的手时，也是这种触摸给予他安慰。在这些脆弱生命之初或者生命结束之时，在人们的踌躇犹豫之中，我们需要由"皮肤的触碰来回应"。

当别人拥抱我、亲吻我时，他的身体就如同我的第二层皮肤。当一个男人全身贴在我身上或者一个孩子紧紧依偎在我的胸口时，哪怕这个孩子只有几百克重，我的身体都感受到前所未有的真实。我们的皮肤开始变暖，这种肌肤相触让我们重新焕发活力。或许这就是爱或者肉体、皮肤交织所带来的力量和能量。也许，这不过是手轻放于肩上，轻抚面庞，紧握另一只手的简单动作，却足以安慰那些内心分裂、被存在不确定性所困扰的灵魂。

那么，我的位置究竟在哪里呢？是在这里，还是在他处？无疑，在爱的世界里，通过那些充满爱意的举动，我们能感受到自己正处于合适的位置上。这种感受源于我们内心的温暖，源于自我与他人之间的存在感，以及对我们位置的合法性和必要性的认知。这个位置只属于我自己，就是我应该处于的位置，我的存在在这里有特殊的意义。在爱里，我是无可取代的。比如，在我生病的父母亲身旁，在早产的婴儿旁，在我爱的人身边，不管爱的形式如何，也不管这种关系表现出来的本质如何。

"快乐家庭"的游戏

我在家族照片中处于什么位置？我的家谱是什么样的？在家族这个如同俄罗斯套娃般的体系里，最后一个套娃里又是谁？自20世纪以来，人们从未像现在这样深思过家庭的历史及其影响。自传故事、家族小说、家族秘密溯源的故事不断增多。不管是在文学作品中，还是在心理学或者精神分析学的不同流派里，对家庭来源的追溯，似乎成为自我反思的必经之路。如果正如歌中所唱，"我们无法选择父母，也不能选择家庭"，这是否意味着家庭有着不可抗拒的决定性力量？难道真的是祖辈的经历决定了我所处的位置、我的情感基调、我的性格特点、我生存的暗礁？难道是出生的次序、父母亲的脆弱心理状态、他人的悲惨遭遇在心理上定义了我吗？相反，我们可以像法国哲学家吉尔·德勒兹和菲力克斯·加塔利那样，或许能够摆脱家庭小剧场的束缚，不再以狭隘的视角来审视我们的历史，不再忽略那些遥远而开阔的可能性。我们或许能够放眼远处，而不是在积满尘埃的橱柜中翻找。我们可以探索他人在我们历史中的角色，而不是仅仅在熟悉和重复中定义自己。我们可以改变角度，改换语调。我们可以选择重新洗牌，以全新的方式来参与这场关于影响力和亲和力的游戏。为什么我们不能选择自己的归属呢？

我们认为自己是血统和家族历史的囚徒。不可否认，有时这种传承是如此沉重，以至于让我们感到畏缩。这并不是要我们去否认它。但实际上，我们有两种出身，已知的和未知的，现实的或幻想的。如果我们仍在用过去的历史谱写自己的故事，那么我们的自由度或许比我们想象的要大。我们应该到什么程度才能承认，那些在我们之前存在的人决定了我们的命运？显然，有些悲惨的家族故事深深地烙印在我们心中。但正如小说家莉迪亚·弗莱姆所说，我们也可以换一种方式来看待我们的双重出身。她写道：

"拥有两亲，出生在双重谱系中，这是莫大的幸福。在世代相传与断裂的循环中，不同的局面、新的组合开始出现。所有的纸牌被重洗，一切都尚未定型。每个人都有自己的一部分轻率，也有自己的一份坚持。用另一种眼光看待事物，会改变家族传奇，为家族故事增添一抹个性化的色彩。我们还可以与家族故事保持一定的距离，从而转变我们观察的角度。"

身处两个家族之中，意味着有两种想象自己历史的方式，但更重要的是，你知道有多种不同的方式来讲述它、体验它。人生将不再是单一的轨迹。我们与过去的联系可能更像一场自由的创作、一个随机的组合，我们可以重塑这段关系中的各种元素，就像拿同一副牌参与不同的游戏，可以根据不同的规则来开展游戏。我们的人生故事将不是由一系列固定事实构成的僵化整体，也不是一条单一路径所限定的轨迹。这就是莉迪亚·弗莱姆提到的"不顺从"，我们每个人都能够赋予自己这种自由——这种自由源于我们自愿的差异性：偏离预期，不走寻常路，拒绝传承。

或许，我们应当重新审视"不顺从"（impertinence）这一概念。从词根来看，"pertinent"指的是那些与我们息息相关、紧密相连的一切。而"impertinent"则是跳出他人为我们划定的界限，去探索那些未知领域，敢于涉足与我们无关的事物，嘲弄传统。

有人可能会将这种重新洗牌视为一种背叛，有人可能会感到失望。这或许是每个人对于这种双重身份的重新定义，对于我们处于两个故事交会点上的独特体验——无论是被理解还是不被接受——所产生的必然反应。出生，本质上是存在于家族树的不同线条、树干和枝条之间。而成长则意味着要将来自不同故事的不同元素进行重组，在这个难得的平衡之中，为自己创造出一个先前并不存在的位置。孩子们会逐渐意识到这些不同生活方式中的不和谐之处，他们会试图调和这些差异或者学会与之和谐共处。

这种"不顺从"源于以不同的方式编织自己的故事。它意味着面对家族故事的既定模式，然后以自己的方式重新诠释它。它关乎于发现生活中的细微迹象，而不是仅仅固守既定的道路。这意味着识别出一个潜在的动向，并将其扩展，主动去完成那些尚未解决的事情。弗莱姆写道：

"在我眼里，我的母亲和祖母属于那种'自愿退隐的女性'。她们本来拥有足够的自主性和独立能力，但她们却选择一直默默无闻。"

成为那些从祖母的故事中挣脱束缚的自由女性，似乎是一个遥不可及的梦想。然而，我们必须重新找回那份勇气，用不同的方式思考，然后来实现它。难道我们不能在一定程度上选择我们所继承的东西吗？

我们并不总能有幸选择如何融入家族血脉，选择哪位人物作为榜样。有时，那些痛苦的过往记忆，如同破败的废墟，或似一道诅咒，沉重地压在我们身上。但在不那么悲惨的情况下，我们可以将自己的家族历史看作生活的多种可能性，是一次次人生经历的体验，从这些故事中汲取营养，重新找回对我们有意义的东西。我们要将那些被遮蔽的事物带入光明之中：拥抱前辈女性未曾拥有的独立，敢于去追求母亲那代人所放弃的事业，承担起先辈们无法想象的风险。只有这样，我们才能最终在那稍许偏离的路线中找到自己的位置。事实上，我们的祖先在无意之中，已经为我们披荆斩棘，开辟了一条道路。或许他们在悄然之中，已为我们在易走错的岔路口做上了标识。有些人的人生旅程会从先辈们的生活中开始，从先辈们的希望和期盼中开始。我们在不自知的情况下，实现了那些在我们之前就已经存在的梦想。

锯断"树枝"

我们或许可以借鉴法国哲学家弗朗索瓦·努德尔曼的激进观点：我们有必要摆脱"家族谱系模式"。在一篇名为《自身以外》的精辟而深刻的著作中，这位哲学家对当代人迷恋连续性和根深蒂固的身份提出了警示。我们常常让自己在一条狭窄的道路上蹒跚前行，把自己封闭在不属于我们自己、只属于我们先祖的一段历史中，以此来寻找意义，而无须远望。努德尔曼指出，这种自我设限的态度不仅是懒惰的表现，而且是一种不体面的行为（就算他自己也不敢自诩为"幸存者之子"）。他强调，我们必须首先认识到，那些基于我们的姓名、祖先的故事，乃至远古时代传承下来的要求，往往是外界对我们的无理强加。这些要求期望我们的行为和选择遵循某些既定的原则。这种污染了社会、政治和心理领域的家族谱系逻辑的合法性在哪里呢？如何才能"抵抗这种来自家族谱系的指令"？

"对于那些尚未找到自己立足之地、迷茫不知所往的人，应该给予什么样的位置？毫无疑问，他们应该多移动，尤其是从自我出发。"

我们十分清楚，仅仅拆解掉那些制式的图标、摆脱谱系的模式是不够的，从更高的层面来看，我们应该以不同的方式去思考每个人赋予自身存在的意义。我们应该坚守那些源自祖先生活的自我解释，还是应该采纳这位哲学家的建议，构想出一个不受祖先任何形式限制、不断移动而不是回顾过去的轨迹，成为一个向外探索而非拘泥于原有窠臼的"重生者"，成为一个在动态中成长，在循环中前进，而非在重复的闭环里打转的主体。换句话说，我们应该在变革中寻求新生，而不是在连续性中循环往复。

"在合法性之树迫使我们成为的那个自我之外，勇敢地去冒险生活，打破那些警告，让自我处于一种可能的状态（这种自我状态是不稳定且可撤销的，是经过选择和协商的），从而使当下能够从被接纳的记忆中汲取养分。"

这种风险关系到主体的真实性与不确定性。因此，需要保护这个主体的流动性、多样性、成为他人的可能性以及自由。对于这些给予我们灵感的记忆，我们并不会去传承它们，而是采纳它们，并且与它们尽可能地保持距离。从这个角度看，这个继承的过程是个体选择，在这个过程中，那些古老的声音并没有强迫我们，只是不断在我们耳畔低语，我们可以选择倾听，也可以选择充耳不闻。当过去的声音在我们耳边尖叫时，那便是纯粹的创伤。但在大多数情况下，我们可能比自己想象的更能自由摆脱家族的过往。

"每个人都能自由地管理自己的设定，需要继承或不需要继承的东西，不断变化的身份，个人内心零零散散的想法。"

然而，有些人却选择依附于一个旁系，在特定的血统中寻求自我价值的实现，借由他人而生活。努德尔曼从这种"拥抱另一种生活和情感"的倾向中看到了自我中心主义，并对我们容易产生的这种倾向提出了质疑：这种惯常的方式致使我们只能从祖辈们的特征和行为中认识自我，就好像我们只是在重复已经存在的生活。这些生活在我们的生活中扮演了什么样的角色？它们带给我们的，是安慰，还是借口？难道选择这些关系归属不是被迫的吗？难道不是对归属感的渴望、对孤独和新生事物的恐惧所驱使的结果吗？在没有家族历史支撑的情况下，勇敢地做自己，不自欺欺人，这不仅是我们作为独立个体追求真实性和自主性的基石,而且是我们生存的必要条件。家族谱系逻辑,如同那些尘封的旧文件,让我们窒息。"承担起祖辈传承的身份",无异于"将一个人的记忆压缩简化为家庭叙事"。我们的位置不应该仅仅停留在家族谱系的枝丫之间。

同样重要的是,我们要认识到家庭以外人物的重要性,"为家庭以外的人留出空间,这些人可能是我们在学校、街上或旅行中邂逅的,他们对我们产生了决定性的影响"。幸运的是,我们的生活并未止步于家庭。

"对我们而言,那些在人生旅途中邂逅的家族谱系之外的人,有时不正是比祖先的传承和遗产更具有决定性吗?"

一位老师、一位同学、一群朋友或是小说中的某个角色,他们为我们的生命带来了差异,把我们从过于熟悉的事物中解放出来。人际关系也是一种情感和想象。一张陌生面孔或一句未曾听闻的话，都会给我们带来全新的变化。这些亲密影响的地图逐渐成形，并由此勾勒出"一幅流动的星图，这个星图随着我们的关系、记忆、深远的影响力而不断变化，而我们就生活在这片星图之下"。努德尔曼从蒙田的思想中汲取灵感，在其著作《从属的伦理》中，倾向于"构建一种有选择性和情感性的传承"。

我们的身份是由纷繁交错的声音编织而成的，而这些声音的源头却无法确定。"还有多少声音在自我的指引下奔跑？"努德尔曼自问道。在不经意间，我们吸收了那些在我们身上留下印记的语调、节奏和音色；我们的语言中充满了他人的气息，回荡着他们的低语和回音。这些声音穿透我们，呼唤着我们。它们不是简单打招呼，而是在唤醒我们内心的某种东西。然而，这种回音令人不安。这些话既不安慰人心，也显得陌生，它们"从不谐和中闯入"：

来自四面八方的不和谐之声要求我们以不同的语调发声，鼓励我们不再固守单一的欲望目标，这种不和谐之声改变了我们，使我们脱离了原本的自我。

用别的语调来发声，就是要违反指令，允许自己以全新的方式表达。这代表在意见分歧的经历中，由我们自己掌握话语权，不再让别人替我们说话。努德尔曼说，超越家族谱系范式意味着走出分配给我们的位置，扩大我们回旋移动的余地。正是在不断移动之中，在"所有那些让我们走出自我的尝试之中"，主体才得以形成。是什么将我们悬置起来，将我们从固有的地方秩序中抽离出来，解放了我们？"那些由痛苦或反抗造成的分裂，让我们找到了行动的自由，而不是通过回应家庭或社会地位的决定。"

音乐之椅

"没有幕后之人来宣告这个新布景的出现,尽管它与之前的布景几乎完全相同。但有些地方还是发生了变化,比如家具、地板、物品,等等。一切看似依旧,但氛围已然不同……这些物品仿佛第二次进驻了同一个空间。"

生活中的幸运与意外,往往能打乱由血缘或家庭传统所确立的秩序。一个人的诞生,就足以撼动整个世界,改变原有的场景。对一个新地方的占据,并不是无中生有。它提醒我们,家庭如同一个移动的星座。换房间,搬到一楼,重新布置办公室,扩建建筑,所有上述这些移动或改造,都承载着一个家庭的喜怒哀乐。同时，家庭中的象征性位置也在不断变化、颠倒和交换。保护与照料的关系、权力与支配关系的转变，也随之改变了父母与子女、兄弟和姐妹之间关系的性质。组织家庭聚会、记住生日、支付账单，这些都是我们在家庭动态中的地位和参与家庭生活的标志。成功、金钱、名誉、出生，还有生活中的磨难、职业和情感的起伏，都重新定义了家庭成员之间的关系、关注和存在。谁来照顾生病的父亲，谁去探望残疾的兄弟？我们的家庭生活，如同一个棋盘，人生的不同阶段，就像从一个方格跳到另一个方格，我们在棋盘上倒退的时刻，我们拒绝接受强加的规则的时刻，这些都意味着象征性位置的分配永远不会随着时间的推移而改变。在这场家庭游戏中，复仇和仲裁是如何进行的？又是什么在重新洗牌？

年老、疾病和抑郁，有时意味着我们不能再坚守原本的角色，进而改变了原来照顾与保护的关系。成为父亲、母亲或兄弟的"父母"，像照顾病人一样照顾伴侣，以及在最艰难的情况下，如同陌生人般照看他们或被他们照看，这些经历都在痛苦地改变甚至抹去亲情的纽带。谁照顾谁？像埃莱娜·西苏和安妮·埃尔诺等作家，唐纳德·温尼科特等精神病学家，以及米歇尔·马莱伯等哲学家，都曾探讨过与伴侣或父母关系中的这一重大变化。抑郁或被恶劣对待的母亲这一主题，一直是心理学思考的焦点，近来更成为众多文学作品和小说的主题。母亲就像土星一般，有时也会吞噬自己的孩子。有时，一些青少年不得不从失败的父母手中接过照顾兄弟姐妹的责任。他们既没有无忧无虑的童年，也缺失了以自我为中心的青春期，这在他们的人生故事中会留下怎样的空白呢？我们又能否弥补这些已然逝去的时光呢？

当意外或疾病导致我无法照顾我所爱的人时，就会出现相应的问题。当我不能再照顾我的孩子时，我又是谁？哲学家让-吕克·南希在《入侵者》一书中问道，当移植手术和相关疾病的双重折磨使我无法担任哲学家、丈夫和父亲这些构成自身身份的角色时，我是否还算是一个父亲？我就像一个在玩音乐之椅游戏的孩子，在音乐停止的那一刻，发现没有了自己的位置。

有些悲剧性的角色是如此难以承受，如此令人羞愧，以至于在某些语言中，甚至没有一个词语来指代它们。它们仍然是禁忌。在法语中，没有一个词可以用来命名失去孩子的父母、失去父母的孤儿。有时候，情况恰恰相反，这些词语明明存在，我们却宁愿没有听到它们，因为它们对我们造成了伤害，或者以一种悲惨的方式引起了我们的共鸣。当我们是"异教徒"或"私生子"，是不被想要的孩子，是秘密的、被禁止的或被迫的关系的产物，我们的位置又是什么？当我们"取代"一个有时与我们名字相呼应的亲人时，或者当我们在过早去世的兄弟姐妹之后到来时，我们又是谁？

这些家庭变故迫使我们在尚未做出决定的情况下重新定义我们想要占据的位置。安妮·保利在她的小说《在我忘却之前》中深刻分析了父亲的去世如何让她迫切地意识到需要离开，去开启新生活。她以幽默而敏感的笔触描述了悲伤如何改变了她，如何改变了所有人的位置，以及如何动摇了她的内心。叙述者突然意识到，她的生活已经停滞，她正在踯躅不前，她写道：

"如果我不那么畏惧前进，不那么害怕继续走下去，无论是从字面意义上，还是从形式上，或许我就能独自驾驶我的白色标致206，沿着高速公路驶向普瓦西医院，而不是愚蠢地等着别人来接我。我怎么能在我的生命中浪费这么多时间等待道路通畅，而实际上，道路就在那里，敞开着，等待着我，因为我正以我能达到的最大速度在上面奔驰。"

有时，要想摆脱无法承担的既定角色，就必须以强烈的方式去表达情感。这种"音乐之椅"的游戏不仅是一种家庭隐喻，也是一种社会和政治隐喻。

那些在我们眼中不可替代的人，在某些经济和政治局势中，很快就会被盈利逻辑所取代，盲目地、机械地用一个人取代另一个人。这就是安妮·保利小说的主题：社会程序化的失败、悲惨的处境、被边缘化。在这个残酷的游戏中，每个人都可以被替换，而最弱小、最脆弱的人就会是第一个失去作用，被淘汰出局的人。

缺失的地方

我希望有一些地方是稳固的、无形的、未经触碰的、几乎无法触及的、不变的；这些地方将成为我们的参照物、出发点和源头，比如：

我的故土、我家庭的摇篮、我出生的房子、我看着长大的树木（我父亲在我出生那天就种下了）、充满完整记忆的童年阁楼……这样的地方并不存在，正是因为它们不存在，空间才成为一个问题，不再显而易见，不再被融入，不再被占用。空间充满了不确定性……它从来都不是为我准备的，我必须去征服它。

——乔治·佩雷克《空间物种》

我们还需要书写那些我们从未占据过的地方，那些象征着我们的地方，就像佩雷克笔下孩子们的卧室。我们缺少那些能赋予我们身份、包容我们、安慰我们的地方。这些地方作为地标和资源能够持久地居住在我们心中，它们与我们的起源、我们的过去息息相关，见证了我们的存在，确认了我们的存在，并以一种象征性的方式支持我们的存在。我们谈论的不是非比寻常的地方，而是每个故事发展过程中平凡无奇的场所，是生活中的"常规"之地。这些存在的地方就像语法规则，作为情感中的载体和主体，掌握动词变位，确定了条件时态。如果我没有童年无忧无虑的日子，如果我被剥夺了最初的位置，我的成年生活可能会因为这个痛苦的空洞而变得脆弱。这种巨大的缺失占据了所有的空间，直至遮蔽了那些存在的、鲜活的，但又总是保持一段距离的东西。过去的空白，宛如悲伤的深渊，不断地吞噬着我们。而我们的心灵，在这种更多是"表演"而非"生活"的现实中，无可挽回地被往昔所吸引。

作家兼电影制片人罗伯特·博伯在其著作《偶尔，生活并不安全》中，讲述了一则令人惊叹的逸事：当佩雷克首次将手稿呈交出版商莫里斯·纳多审阅时，出版商竟未察觉出全书字母"E"的缺失。那么，忽略这种缺失是否有可能呢？答案无疑是肯定的。在人生的每一个转折之处，尽管有些缺失极为明显，却常常能从我们的视线中悄然溜走，只因我们不愿看到它。然而，即便处于这种否认之中，我们依然会围绕这种缺失进行构建，以消极的方式勾勒出它的轮廓。故而，通过我们的回避、退让与沉默，缺失便空洞地占据了它应有的位置。

"那时，的确缺了点什么。有什么东西被遗漏，有空白，有空洞，这个空洞没有任何一个人见过，没人知道，也没人想看到。我们消失不见了。它也走了。"

偶尔，生活并不安全，我脚下的土地在下沉。过往削弱了我，背叛了我。消失的东西比存在的东西更沉重。在罗伯特·博伯的同一本书中，他讲述了与一位读者的交流。她的父母在第二次世界大战期间被驱逐出境，她从未有机会见到他们，因此她开始羡慕自己女儿的快乐童年。实际上，她从未体验过被呵护的童年，这让她对自己产生了怀疑：她自己从来没有被爱过，那么她会是一个慈爱的母亲吗？这种童年的缺失反映在她与女儿们的关系中。

"她嫉妒她的小女儿们……她想要成为她们，接受爱的举动，同时她又想知道，她自己从来没有学过去爱，那么她这些举动是否就是充满了爱。"

为了揭露这种痛苦和焦虑，博伯在《消失》中提及了"丢失的E"的逸事，并将其与读者的童年相比较：

"是的,她的童年与佩雷克书中的童年不同,但她的生活一直是她父母穷极一生都希望的样子。"

当我们失去了对我们最重要的人时,那就需要疯狂和智慧才能过完这一生,就如同要去撰写一本没有"E"的书一样。而这一生,尽管有缺失,但确实是我们自己的人生。博伯肯定了这位读者的父母对她的期待,但同时也推翻了这种充满担忧的生活,将这种有缺失的生活变成一片充满希望的景象。虽然她可能不是他们照顾和爱护的对象,但她仍然是他们日思夜想和期待的核心。他们希望她尽可能过上最好的生活,她确实也过上了这种生活,但她却无法完全融入其中,与其说她是这场生活的演员,不如说她更像是旁观者。博伯说:"这便是她父母竭尽全力所希望的。"

通过这句简短的话,博伯用确实存在的情感替代了那些缺失的部分,即她父母对她的真切关心,他们坚信自己的所思所念最终都能在她身上实现。

想象中父母为她担忧的画面，安慰了她心中那个拒绝让步、渴望补偿的小女孩。这让这位年轻女性重新回到了她原来生存的空间，回到了自己曾经竭力远离的生活，将她从这段曾经执着的过往中拉了回来，尽管这段过往给她现在的生活蒙上了一层阴影。至此，这种偏离的生活宣告结束，我们融入其中，我们可以真正成为母亲，为自己的孩子提供自己曾经渴望得到的位置。

或许，我们所做的一切努力，都是在试图修复童年的创伤，弥补生命最初时刻留下的伤痕，治愈那段曾经受伤的童年，因为那些创伤有时会阻碍我们成长为一个完整的成年人。我们拨乱反正，是为了修复自我；我们以第一人称讲述自己的故事，是为了重新发出自己的声音；我们写下自己的故事，是为了重新确立自己的视角。艾曼纽·朗贝尔在她的小说《我父亲的儿子》中揭示了这些有启示意义的行为，它们暴露了那些即使在成年后仍然敏感的童年创伤。她写道：

"我母亲的母亲买来那些残缺不全的旧玩具进行修补,以此来纪念她从未拥有过的那些玩具,好像她能够拾起曾经那个无家可归、被遗弃的孩子,将被抛弃的玩偶献给自己的童年记忆。"

有时,他人的话,哪怕只是寥寥数语,也足以抚慰过于敏感的过往,就像修复受损的老照片一样,抹平那些痛苦记忆里的沟壑。一个女人讲述她父亲的童年,或许也是为了照顾那个曾经孤独的孩子。

为自己创造一个位置

我们都曾从他人的生活里窃取过不属于自己的生活片段。我们在亲朋好友那里，找寻和体验形形色色的生活方式和未知的情感。这些全新的旋律为我们的日常生活赋予了别样的基调。我们借用其他的生活方式，犹如身着陌生的服装进行乔装打扮。我们扮演着他人的角色，代替他们度过几个小时或片刻，努力让自己装得更像。然而，在这种虚构，这种"让我们假装"之中，我们借由他人的世界来填补童年的空虚。在这些稍纵即逝的替代过程中，一些极为严肃的东西开始发挥作用。

雨果·林登贝格在他的小说《终将成空》中，准确而残酷地描绘了童年丧母后的痛苦生活。小说的主人公是一个小男孩，在诺曼底与祖母和年迈的疯癫姑妈一起度过假期。他的父亲很少被提及，母亲则几乎被完全忽略。对故事主人公来说，"正常"的家庭生活是一个谜团，他试图通过观察海滩上这些所谓的"正常"家庭来揭开这个谜。最终，在一个夏日，在遇见年轻的巴蒂斯特为他敞开家门的那一刻，他才终于得以窥见这种简单的幸福。闲暇时刻，故事的主人公悄悄地溜到了角落的位置：那是这个收养家庭中，儿子在母亲身边的位置。他观察那些确认我们在家庭中位置的物品和仪式——一条印有他名字的圆餐巾，一棵为他出生而种的树。书中写道：

"在餐桌上，每个人都有自己的位置，有自己的布质餐巾，还有一个用火刻有自己名字的木制圆盘……我也有自己的，但上面没有我的名字，而是一颗星星。"

但最让他期待的是睡觉时间，以及入睡前妈妈在他额头上的亲吻："我必须集中精力，隐藏我的不安，以温柔男孩的面貌示人……我终于准备好接受这个亲吻了。"

他假装表现得好像一切都很正常和明显，但就是非常期待那个母亲的亲吻，这个亲吻好像能让他的童年得以确认，好像他也曾短暂地拥有过被爱的权利。

有时候，一个人会以一种看似微不足道，却又可能具有决定性影响的方式，用寥寥数语，或者一个简单的举动，通过一种特别的关注，给予我们一个位置，而我们会在接下来的数年里努力守住这个位置。

莱昂内尔·杜洛瓦在他的小说《颤抖的男人》中，回忆起中学法语老师轻抚他脸庞的情景。

"一位女士的手轻抚过我的面庞，最后她笑了，她的笑容仿佛在说她喜欢我。我写道……我是多么感谢她给了我一个位置，因为她'触摸'了我。"

这个象征亲情的举动终于让孩子有了存在感，并为他提供了一席之地，因为他一直在外漂泊，辍学，无人关爱，在这个过于庞大的家庭中找不到容身之地。

那个陌生人，甚至在毫无察觉的情况下，在我们周围勾勒出一个保护圈、一个光环，让我们突然变得可见，让我们在自己眼中有了存在感。只需一句关于未来的话，我们就会把它当作神谕，努力让它成真。这句话让一个有待我们去征服的世界显现出来。有时，只需一眼，我们的轮廓便不再模糊和不确定。我们的生活变得明确，我们此前若有若无的自我变得具体，具有了一定的形状。无论从哪个意义上讲，我们都做出了决定。在别人的手中，在他人的目光中，我们有了力量，获得了存在感，就如同父母充满爱意的怀抱让年幼的孩子意识到自己一样。但是，当这些怀抱缺失时，当我们亲近的人缺乏关爱或关注时，就会有一个陌生人提供这种精神食粮，让我们找到自我，摆脱一种飘忽不定的存在。抚摩额头的手或寥寥数语，便可以成为心中的星星之火。

幽　灵

我拒绝把白天和黑夜分开。

——让-贝特朗·彭塔利斯《爱的开端》

所有的缺失和不在场，不管是他人的，还是自己的，都占据着无法忽视的重要位置。因此，那些消失的人继续存在着，就如彭塔利斯所说，他们只是"不再能被听到和看到"。沉没的世界让我们的生活浮现出过去存在的痕迹。或许，我们需要留住逝去之人的痕迹，而不应该抹去我们生活中那些消逝之人如幽灵般的踪迹。我们不要去填补裂缝，要留下缺口和空白。正如拉比德尔菲娜·霍维勒所建议的那样，"在生活中保留不完整的痕迹，学会在一个连缺失也有其所的地方居住"。幽灵般存在的人或物也应该是我们欢迎的对象，他们也应该有属于自己的位置。

那么，这些"幽灵"究竟是谁呢？它们是那些尽管缺席却占据了我们心中太多空间的人，是那些在我们的夜晚以及白天的间隙中出没的人，是那些违背我们意愿潜入我们思想核心的人，是那些我们在自己的举动、表情中意外发现的人，因为那幽灵般的身躯，简单来说，就是我们自己的身体。如果说幽灵困扰着我们，那是因为它就在我们的身体里。它就是那个我们无法与之保持适当距离的人，一个可以让我们忍受的人。幽灵是一个人的生动记忆，它从我们的生活中消失了，永远地搬走了，断绝了联系，离开了或死了，当它带来痛苦的时候，它在我们精神生活中的存在仍然非常强烈，过于强烈。它是那个我们无法停止思念的人，那个即使在我们的现实生活中仅剩下一丝痕迹仍让我们痴迷的人。它的存在也许更加令人魂牵梦萦，因为它不受现实的阻挠或抵触。这种幽灵可能在任何地方出现在我们面前。它不请自来，自顾自地进入我们的梦境，就像在进行一场友好的谈话，它那势在必行的存在要求我们立即赶到，给予它独一无二的关注。我们希望它消失，不再占据我们的视线。我们觉得自己在街角认出了它，希望它能给我们打个电话，给我们个暗示。我们一直想着它，因为我们只能想着它。我们不能见它，不能和它说话，不能亲吻它。幽灵诞生于这种不可调和之间——它对我们的必要性和它的不可能性之间，也在于现实的不连续性和我们对保持联系的需要之间。面对它的缺失，我们的意识让它在我们心中保持鲜活。我们为什么要留恋这些幽灵？它们在我们的生活中又扮演着怎样的角色？

当你被你仍然爱着的人的记忆所困扰时，你会只想着这个人，内心不断被他的存在方式和思维模式所占据，与这些回忆默默地进行着对话，秘密地征求他的意见和建议。但更痛苦的是，你还承受着从过早消失的幽灵、家庭暴力或历史的悲剧中所继承下来的痛苦。法国作家卡米耶·德·托莱多在她的小说《忒修斯的新生活》中，就向我们讲述了这样一种缄默且充满回忆的生活，这种生活让我们的身体躁动不安且饱受折磨。在小说中，叙述者在他的兄弟自杀后，身体被痛苦所困扰。这种悲剧式的幽灵，如同一支从过往阴影中崛起的军队，强烈地震撼着我们的心灵。小说的主人公试图"成为家庭摇摇欲坠的多米诺骨牌的支撑"，他被告知不要重新打开时间之窗，但记忆的洪流已经在身体里流淌。他的母亲在不知情的情况下打开了时间之窗，没有意识到灾难即将到来。小说的主人公在内心对她说道：

"你或许未曾察觉，但你已经踏上了这条道路，那是我一直在追寻的那条路，在这条路上，萦绕的幽灵和渗出的秘密——显现。人们通常生活在一个单一存在的平面上，在那里他们读报、睡觉、工作、度假；然而还有第二平面，在那里，有些东西在跨越身体的流动中寻求满足；而你，我的母亲，正在四处寻找，却像盲人一样。"

在这些关于幽灵的故事中，消失的人比活着的人占据了更多的位置，有时候，这些故事揭示了一种不可能失去的东西。那么，我们该如何接受失去那些我们甚至从未认识的东西呢？在不存在的情况下，又该如何理解这些缺失？哲学家文森特·德勒克罗瓦在《学会失去》一文中提及了"这种存在中的矛盾位置——或者说在存在与非存在之间——即从未存在过却又有所缺失"。因此，他指出"不是缺席让我们患病，而是失去的东西持续存在且确切地说从未完全失去才让人痛苦"。正是这种缺失的悖论导致了幽灵的存在。"缺失的，往往是多余的。"幽灵是生命中缺失的最核心的部分，如丧失一位父

（母）亲。由于这个缺失的人物形象，这个主体的童年或者想象中的生活便会被这个幽灵困扰。

我们还应该谈一谈由这些幽灵所造成的干扰，也许它们比从我们生活中消失的人更有生命力，与我们更接近。因为它们总是出现在我们的身边，我们与它们总是保持着一种平行的秘密生活，所以这些幽灵最终取代了它们所幻化的那个人的位置，有时甚至到了抹杀掉他们的地步。

是我们在维系着我们的幽灵，还是它们像强盗一样闯入了我们的生活？或许我们希望它们在我们生活的空间中注入活力，或许我们对它们的需求就如同对建筑的需求一样迫切。尽管它们终将消逝，但也许正是它们在支撑着我们，我们指望它们为我们指引方向，帮助我们坚持下去或做出决断。

抑或是我们在和它们清算旧账？是什么样的愤怒、何种悲伤赋予了它们形体？我们向它们诉说那些我们后悔未曾说出口的话语。我们继续那些过早中断的讨论，我们表达或者期待道歉，我们希望得到原谅或慰藉。幽灵既让我们安心，又让我们害怕。它是那个熟悉的存在，它那惊人的亲近感——比现实所允许的更加熟悉——令人不安。幽灵代表了那个不可能的位置，弗洛伊德用德语词"Unheimlich"来表达这个位置，从字面意义上讲，就是"不熟悉的""不属于Heim（家、住所）的东西"。这种幽灵在我这里并没有它的位置，不属于我自己，但它却与我建立了一种熟悉感，尽管我与它并不相干。它是那种隐藏在阴影中的熟悉感，那种秘密的亲密。弗洛伊德引用了谢林的一段话来描述它："所有本应成为秘密、处于阴影之中却又显现的东西，就是'Unheimlich'（怪异的、神秘的、令人不安的）。"它是那个"奇怪的熟悉者"。

所谓的幽灵并不是我们内心的另一种存在，而是一种隐秘的熟悉感，一种对我们自身隐藏起来的熟悉感，我们发现这种奇特的东西已经成为自身不可分割的一部分。这正是彭塔利斯所描述的"穿越阴影"的过程。我们向那个遥远的自我、一个被埋葬的自我、一个不会说话的孩子发出呼唤:"我们必须与许多往生者重逢,消解许多幽灵,与逝去的人对话,为沉默者发声。从我们呱呱坠地的那一刻起,我们必须穿越许多阴影,最终,或许才能找到一个无论如何摇摆,却依旧属于我们的位置。"

如果我们任由自己被这些古老的存在、这些沉默或这些神秘的低语所困扰,那是因为在它们所引发的失衡以及造成的亲密干扰中,它们也在诉说着我们必须成为什么样的人。那是一种对自我的忠诚,尽管这既难以实现,但又不可或缺;那是一种对记忆的遵循,尽管这些记忆既让我们陷入不安,又激励我们继续前行。

流离失所的人

天地各安其位，而我却无法重归。

——亨利·米修《断臂》

无论我身处何地，我都能为自己找到一席之地吗？当战争、迫害和饥荒威胁着我，当不可能的未来和阴暗的前景迫使我离开我的国家，远离我的家人，灾难使我流离失所，迫使我流亡，我难道不是注定要怀念这个失去的地方，怀念这个家庭和那门熟悉的语言吗？因为正如德里达所说，流离失所者所缺少的正是这个双重之地：情感的圈子和母语所代表的精神家园。流亡者和无家可归之人被变幻莫测的历史粗暴地逐出了这个圈子。无论是在言行举止上，还是在思想上，他们都渴望那种"在家"的感觉，那种令人心安的熟悉环境，在那里他们的关系是充满活力的，言语能准确传达他们的意图，而不会扭曲或背叛他们。

当我们总是有点不合拍，有点跟不上节奏，僵硬迟钝，无法顺利融入交流和活动时，我们就会觉得自己是局外人。我们缺乏"社会语法"，它能让我们及时预知即将发生的动向，在对话中准确定位，理解其中的隐含意义，并灵活地从一个话题转换到另一个话题。奥地利裔美国社会学家阿尔弗雷德·舒兹在他的著作《陌生人》中提出，我们缺乏那些社会规范、思维模式和对世界的独特展现方式，这些让我们能够融入讨论，而不至于拖慢讨论节奏。它们帮助我们适应那些往往"不切实际"的社会环境，因为我们无法掌握它们的实际意义、隐含规则和复杂的利害关系。对本地人来说"自然"且"显而易见"的事物，局外人必须不断地"探索"，才能使其不再"成问题"。日常生活是一场令人疲惫的冒险，是一场代达洛斯式的挑战。由于无法即刻理解事物的意义，现实对于局外人而言，就变成了"一座让人完全失去方向的迷宫"。要适应一种新的文化模式，要在一个没人能为我们指明方向的世界里找到自己的方位，需要付出巨大的努力。

但是，正如阿尔弗雷德·舒兹在另一篇题为《归乡者》的文章中所分析的，回归原籍国也会让他产生一种陌生感，尤其是当他经过很长一段时间再回到那里的时候。任何经历数年战争或流亡之后回到故乡的人，都找不回那个"自己的家"。回归已经不再可能。正如德国裔哲学家金特·安德斯在他的《流放与回归日记》中所分析的那样，这种回归"绝不仅仅是回到空间中的某一点，而且总是回到时间上的某一点（而这个时间点早已不存在了）"。从这个意义上来说，这种回归仅仅是对旧世界的丧失和消逝的双重体验。一种双重的异化感——既是流亡者因经历而改变的自我异化，也是原籍国以及那些留在那里的人的异化——使得跨越裂痕的任何重新开始都变得不可能。

出生于黎巴嫩的作家阿敏·马卢夫的《迷失者》这部小说的标题具有双重含义——迷失者既失去了自己的东方故土，或许也随之失去了存在意义上的方向。作者在书中描写了著名历史学家亚当应青年时代挚友穆拉德临终前的邀请，回到了离开二十五年之久的东方国度时的复杂情感。亚当之所以当初远离这片寂寂无闻的土地选择流亡，是因为这个国家本身在某种程度上已经消失了，辜负了人们对它的期望。正如亚当对自己的朋友穆拉德所说的那样，这个国家"比他走得更远"。我们怀念的国家，是那个为我们开启未来的国家，当它消失时，所有的前景、所有的计划都随之毁灭。在某种程度上，失去童年的世界是正常的，但失去童年曾向我们承诺的世界则被视为一种背叛。书中写道：

"昨天的世界正在消逝，这是事物发展的规律。我们对它产生某种怀念，也是自然规律。过去的消失容易让人释怀，但对未来的逝去，我们却无法接受。而国家的缺席令我悲伤和困扰，它不再是那个我年少时所认识的国家，而我曾经梦想的那个国家，它从未出现过。"

这个世界上，不存在阿敏·马卢夫引用的哲学家西蒙娜·薇依所说的"扎根"这个说法。因为不存在所谓既有过去的鲜活记忆又能强烈预感到未来的双重体验，这种体验会激励主体并使其积极参与集体生活。一个国家，若要满足我们扎根的需求，必须能够从生动的传承中汲取力量，并立足于未来，开启崭新的篇章。阿敏·马卢夫写道：

"扎根也许是人类灵魂中最重要也是最不被理解的需求。它很难被定义。一个人的根基在于他能够真实、积极、自然地融入一个群体的生活之中，这个群体保留着过往的一些珍宝，也预示着某种未来。"

当我们的前景变得暗淡无光，我们选择离开，就像亚当一样，到别处去寻找一个能让我们安身立命的世界。诚然，回到故乡总能唤起甜蜜的回忆。亚当重新发现了那些熟悉的气味、音乐和口音，重新找到了家的感觉所带来的身体上的愉悦。然而，那里已不再有他的位置。"在这个地中海东岸越发暗淡无光的世界里，不再有我的位置，我也不想在这里为自己量身打造一片天地。"他在其他地方找到了自己的位置，在一个接纳他的国家里，他已经成为受人尊敬的历史学家。这种对过去的眷恋，其实是亚当对失去未来的哀思。毫无疑问，他离开了那片土地和曾经的自我，无法在那里扎根，彻底变成了一个背井离乡的人。流亡最终让他丢掉自己的根。

有些人再也无法找到自己的位置，他们注定要永远漂泊无依。冈特·安德斯在其日记中回顾了自己流亡美国以及战后重返欧洲的经历，描述了那些没有归宿的移民所经历的流浪生活，他将这类人与普通的移民区分开来。移民者最终往往能找到一个安身之所，哪怕有时这个地方并不舒适。即便他们在心理上难以找到真正属于自己的位置，但至少在地理层面，他们的旅程会结束。然而，对那些流离失所者来说，在任何地方都没有容身之地，在他们的原籍国没有，在另一个没有人期待他们的国家也没有。无论变幻莫测的历史将他们带到哪里，都不会有他们的立足之地，也不会有人为他们创造这样的地方。这些流亡者不受欢迎，他们是隐形的存在。书中写道：

"我们随遇而安，数百万人把我们当作空气，所以我们也就成了空气……世界的喧闹和呐喊似乎只针对其他人——没有一个人不曾体验过不再存在的感觉。"

这些生命太过"多余"，几乎不再存在。安德斯用"存在的缺失"来描述这种内心的感觉，即一种被抹去、不得不消失的感觉。流离失所的人就像离开了地面，不由自主地脱离了现实世界，在其他人的流动之外，在任何参与之外。

"在对立中生活，逆流而上是很困难的；但既不随波逐流，也不逆流而上，也是十分孤独的……几乎没有人能够做到。"

移民的人也逐渐忘却词语的含义，他们失去了自己的语言，却没有真正掌握另一种语言。安德斯说："他讲话结巴，两种语言都结巴，说话不再流畅。他被卡在烦人的循环往复中，就像一张划伤的破唱片。失去母语是他最后的堕落。"安德斯说，语言是"他们仍然掌握的、唯一能让他们感觉有家的技能"。忘记母语就等于放弃了最后的归宿，内心的归宿，从而陷入了一种"结结巴巴的不体面生活"。没有语言的人还能剩下什么？德里达问道：

"它不就是永远不会离开我们的家吗……那个最

靠近我们的身体,最不可剥夺的空间……它难道不就是那层覆盖着我们的第二层皮肤,一个随我们移动的家吗?但这个家同时也是一个不可移动的家,因为我们一直带着它四处漂泊。"

然而,对安德斯来说,流离失所的人不再有家,他失去了所有的参照点和锚地。他游离于土地之外,游离于语言之外,游离于时间之外。他似乎已经失去了在现实中的所有印记,对时间的所有锚定。未来在他身后,世界已不复存在……安德斯自问道:谁还有勇气忍受比丢失过去更加彻底的缺失呢?

令人不安的是,安德斯在战后撰写的这些文章在今天依然具有现实意义。阿基勒·姆贝在一篇题为《野蛮主义》的文章中提醒到,流亡的过程中也有"失踪"的风险。他写道:

"当然,离开显然意味着开始行动,离开一个地方,远离它,与它保持距离,甚至抗拒它。在离开的行为中，也隐含着物理意义上的静止，即不再目睹，即刻消失，身体的终结。离开，意味着冒着消失和被抹去的风险。"

有些人沉没于海底，被遗弃在茫茫沙漠，或被困于难民营。但也有一些人消失在不愿看到他们的人群中。无论这些男人、女人或孩子经历了多么悲惨的个人灾难，最残酷的讽刺无疑都指向这个冷漠的世界———一个对他们所遭受的苦难无动于衷的世界，一个保持原样的世界。这个世界的稳定让他们的痛苦蒙羞。人们宁愿看到与他们内心震颤相呼应的废墟，而不是这个岿然不动、安然无恙的背景。1953年6月19日，安德斯观察到这一奇异现象，他写道：

"这太荒谬了，如今让我感到沮丧和恐惧的，并非那些缺失之物，而是那些外观毫无变化的东西；不是那些被摧毁的事物，而是那些依然原封不动的存在。"

身处错误的地方

在我们生命中的某些时刻，我们出现在了错误的位置上，出现在一些不舒服的位置上，仿佛坐在剧院中一个看不见舞台的座位上。这些并非我们心甘情愿而是勉强接受的位置，在我们看来是有失尊严的、令人感到屈辱的。冈特·安德斯在被迫流亡美国期间，为了生存，做了各种各样的工作，当小电影院的放映员或者是道具管理员……这些工作与他接受的高等教育相去甚远。他不知道这些职业的意义何在，因为在另一段历史中，这些职业与他本可能获得的学术职位大相径庭。正是在这种错位的情况下，他被一个陌生人的自言自语所吸引。他似乎原原本本地转述了这段话，这段话篇幅很长，我们怀疑他在这些话中找到了精神共鸣。无论如何，对那些因生活磨难而不得不离开他们梦寐以求"位置"的人，以及那些不得不放弃自己命中注定属于他们的地方的人来说，这些话引起了强烈的共鸣。在这些艰难的处境中，在这些迫使我们自我贬低或贬低我们的地方，我们会意识到，为我们预留位置的想法是多么愚蠢。

这个陌生人认为，当一个位置似乎为我们量身定做时，我们就什么也学不到。

"选择所谓'合适'伴侣的人，放弃了探索未知世界的机会。那些自认为'找到'了人生职业的人，其实是在自我设限。只在为自己量身定制的琴键上演奏的人，他的手指将无法触及更广阔的音乐世界。"

"体验"一词来自拉丁语"experiri"，意为经历。从词源学上讲，所有体验都与将自己置于危险之中有关,它是指经历一定的风险。完美地融入现实,就像找到拼图中缺少的那一块,这不是一种体验,而是逃避。这不是在考验自己,而是躲在现实的洞穴里。根据陌生人自言自语的说法,这种"定制"的生活,让我们自以为"充实",但实际上却是一种"虚假"的生活,不会教给我们任何东西。这就是一种"幸福的灾难"。冈特·安德斯在书中写道:

"真正的体验并非源自一种全然的契合(事物与理智……或者舒适的世界与人),相反,它源于一种'不契合',一种碰撞,而在这种碰撞中,正是那些陌生之物,通过它们的陌生性,向我们展示了它们的力量,以及它们与这个现实世界的格格不入。"

我们在这些不适宜的地方得到的存在体验,要比我们安稳地待在一个一切都符合我们标准的世界中多。正是这种对更枯燥、更粗暴、更残酷现实的别样体验,让我们的人生经历更加多样。安德斯在书中写道：

"越是经历不适合我们的体验，它就越是真实的体验……那些像手套一样适合我们或为我们量身定制的事物和环境，剥夺了我们与世界碰撞的机会，换言之，剥夺了我们体验事物的机会。量身定做的鞋子欺骗了我们的脚，剥夺了它对树根与石子的体验。"

尽管我们被分配到了别人的位置上，但我们却学到了更多，更好地理解了别人所处的位置。在这种非自愿的变动中，我们发现自己站在了他们的立场上，我们擦亮了眼睛，我们看世界的视野也更加开阔。

也许正是在我们遭遇失败，被忽视，目标变得模糊不清的时候，我们才会显露出我们的本性，我们才能在之后瞄准正确的目标，精准击中。因此，正如哲学家卡米尔·里基耶所说的那样，"当我们意识到一个人的缺点中蕴含着克服这些缺点的潜力时，试图掩饰这些缺点就变得毫无意义。有时候，一个人只有在其跌倒的地方，他才会发现自己的缺点，才能找到东山再起的力量"。同样，有时候我们不经意间说出的话，看似漫不经心，实则透露出我们最强烈的意图，而在日后，我们会用更坚定的声音将其表达出来。

如果最重要的位置，正是我们一直以来都畏惧的位置呢？如果我们跌倒的地方，正是从根本上决定我们存在，是我们真正开始或重新开始的地方呢？在那里，生命的整个部分都坍塌了，一切都被摧毁了，虚伪的表象纷纷掉落。如果正是在这样的废墟上才能听到最真诚的声音呢？

偶然在场

> 我的偶然性比我自身更重要。一个人不过是对无数非个人事件的反应。
>
> ——保尔·瓦雷里《坏想法》

也许我们从未真正处于属于自己的位置。因为我们既不是一棵树,也不是一座山;因为我们既没有根,也没有巨大的质量。我们的生活充满了不确定性,以至于我们有时候会因为感情或恐惧而选择抛锚,寻求一时的安定。但因为我们也厌倦了追逐虚无缥缈的东西,所以我们在一个温馨的地方安顿下来，或者在一个能让我们换换环境的地方停留下来，让我们有一种成为别人的虚幻感觉。

如果只有些短暂的位置让我们在执行一项任务、经历一场婚礼或创作一部作品期间停留，那会怎样？我们将只是从一个地方移动到另一个地方，就像跳鹅游戏（一种法国古老的棋类游戏）中的螺旋移动或者不可预知的生命线一般。我们所能体会的，是唯有不断移动所带来的能量、快乐或困难。事实上，我们无疑成了不断前行的生命体，在各种行动、语言和情绪间穿梭。我们不断相互碰撞，随意地将自己投掷到任何地方，就像在进行一场疯狂的弹珠游戏。

是真的有这样一个地方，还是只是命运让我们随风飘荡或随波逐流，偶然地将我们带到了这片海滩而非另一片？如果说我们最终来到了这里，与其说是因为迫不得已，遵循着一条清晰的命运轨迹，不如说是一系列偶然事件的结果，遵循着上天的安排。我们在颠簸中摇晃，在断裂处流淌，在多重力量的影响下，甚至是在未曾察觉的影响下，我们被拖曳到这里，被抛来抛去，远离了我们曾经认为属于自己的地方。我们发现自己被推到了别处，被驱逐到了他乡。这不是我们自己的选择，而是人群压迫着我们，指引着我们的脚步；是浪潮让我们的船漂泊不定，是颠簸让我们偏离了最初的方向。我们并没有真正决定自己会成为什么样的人，事情往往在我们的意料之外发生，与环境背道而驰。我们并没有真正选择我们所从事的工作，但变幻莫测的生活直接将我们引向了它。正如精神分析学家雅克·拉康所说："我不得不把绳子紧紧握在手上。"他在书中写道：

"我们占据了一个地方，在那里，有一种行为推动着你，从一边到另一边，从偶然到必然。情况就是这样发生的，说实话，我根本不认为我注定要去做什么，但我不得不把绳子紧紧握在手上……我首先谈到了一些地方，那些在拓扑学上有意义的位置，那些在万物秩序中占据一席之地的地方，以及世界上某个特定的地点。这就是你在忙碌中所能获得的。总之，它给予了人希望。你看，你们所有人，只要有一点运气，最终都会占据某个位置。仅此而已。"

我们不应该如此重视这个因环境变化而落到我头上的位置。因为，我们在混乱中找到的这个属于自己的位置，更多是众多偶然因素交织的结果，而非任何坚定意志、明确目标或宇宙秩序的结晶。我们是在不经意间抵达这里的。

这是什么意思呢？在不经意间，我们并未过分关注自己将去往何方，我们几乎是在不经意间到达那里的，既未经过深思熟虑，也并非有意为之。有人会觉得，恰恰是因为我们不再执着于寻找正确的地方，我们才会到达那里。这就如同一个真理或者一个基础理论往往是在不假思索和非主动状态下被揭示出来一样。同样，当我们不再过分关注时，反而更容易做出正确的举动，而当我们全神贯注时却可能适得其反。我们会因为偶然、失误、分心而落得这般境地吗？或许正是在这种超然的态度中，我们才能确信自己找到了真正的归宿。

我们本可以在其他任何地方结束自己的生命，然而，我们更倾向于告诉自己：我就是为这里而生的。另外，我们可能会惊讶地发现，在我们自认为束手无策的时候，我们却在这里过得很快乐。这就如同在并非心甘情愿的情况下为人父母，又或者像是喜欢上了一份起初并非自己主动选择的工作。有时，一些地方会强加给我们、赋予我们一种我们本能会拒绝的身份，但我们却发现自己已经融入其中，为自己创造了一个位置。我们究竟是在驯服这个新地方，还是它无意中揭示了我们不为人知的欲望呢？我们真的清楚自己属于哪里吗？也许适合我们的地方并非仅有一处，而是多处，就像孩子玩的游戏一样，圆柱体可以放进圆形的洞里，但也可以放进长方形的洞里，这总是一个惊人的发现。有时候，我们必须让我们的生活运转起来，它才能完美地融入一个全然不同的地方，为自己创造出一个崭新的空间。

候 鸟

每个人心中都有一个房间。

——弗朗茨·卡夫卡《日记》

很多人都想要一个属于自己的地方，一个专属于自己的地方。拥有"自己的房间"的梦想通常与自主、自由支配自己的时间与活动联系在一起。我们想象或幻想拥有一个属于自己的空间，并将我们从外部的影响和约束中解放出来，就像笛卡儿在他的"炉子"旁或蒙田在他的"书店"里一样。这种所有权真的是找回自我的条件吗？

关键并不在于拥有一个完全属于自己的地方，而在于拥有一个单独的、本身也具有独特意义的地方。这个地方适合开展某种特定的活动，它能让我们摆脱任何束缚，让我们自由地进行创作和思考。然而，我们的错误在于，赋予了一个地方过多的权力，而不是把它当作一个真正的场所来看待。我们要创造的空间既是内在的、精神的，也是外在的、物质的和具体的。仅仅拥有一张漂亮的办公桌或者一个舒适的大工作室是远远不够的。那些大师在咖啡桌上，在潮湿的阁楼里，在最深处的地牢里，写出了自己的杰作。有时候，他们也无须走到那般极端的地步，一个市政图书馆、一个酒店房间、一个火车座位也可以。甚至可能，那些临时的、不熟悉的地方比那些熟悉的地方更适合我们，因为熟悉的地方会妨碍我们，让我们慢下来。

与"属于自己的位置"的理论相反，我们有时候会发现，某些地方的中立性反而能让我们更加轻松，让我们摆脱以自我为中心的状态。也许我们确实需要一个空间来实现自我超越，然而一个完全属于自己的地方却根本无法做到这一点，因为在那里，每件事情都只是在重复自我的习惯，以至于让人厌烦。这个地方必须让我们摆脱熟悉的事物，帮助我们以不同的方式思考，颠覆自我，自我"清洗"，为我们腾出空间。它应该暂时地、象征性地为我们呈现一个干净的空间、一张白纸、一个空白之处。在那些路过的地方，无论是陌生的还是冷漠的，环境都会帮助我们忘却自我，分散我们的注意力。它的中立性并不会限制我们的思想，反而会使我们的思维得以充分发挥。也许，我们同样需要一个"自己并不存在的位置"，一个我们可以"放空自我"的空间。我们可以依靠这些临时的地方将我们从日常的压力中解放出来，依靠这些没有历史痕迹的地方以全新的方式书写我们自己的历史。

1981年9月，佩雷克去世前几个月，在一次广播采访中，他列举了五十件（他最终只保留了三十六件）临终前不可忘记去做的事。他在这些"与深层欲望相关的事情"中提到了"去巴黎一家酒店居住"的想法。为什么要在巴黎扮演一位游客？虽然我不能代表佩雷克发言，但在酒店里，你可以带着很少的自我，可以逃离你熟知的空间，逃离那些精准地、机械地引导着你的思绪的地方。住在酒店里，每天早晨你都会有从零开始的感觉，几乎一无所有，成为一个全新的人，几乎什么都不依附。酒店没有你的过往，每个人都可以改写自己的历史，每个人都可以匿名、轻装简行地生活。我喜欢酒店客房，因为无论是简朴还是奢华，它们总是对我产生同样的影响。它们不属于任何人，墙壁上没有肖像，没有任何过去的痕迹，除了装饰，酒店客房总是比人们想象的要中性得多，总是没有身份，尽管人们试图将其个性化，但它实际上只是一个为任何人而设计的空白空间。正是通过它，我才成为这个"任何人"，从而成为另一个人。我梦想的不是一座岛屿或一间小屋，而是过一种游牧生活，从一个房间移动到另一个房间，每到一站都会让我焕然一新。隐姓埋名，以陌生人的身份生活，不受任何约束，一旦某地变得过于熟悉便悄然离去，重新变得匿名，没有身份，没有过往。

毫无疑问，存在一些中立的场所，它们能够助力我们摆脱某种既定形象，或者塑造全新的形象。然而，这种转变并非在任何地方都能得以实现。要使这种改变成为可能，必须有一个物理或心理场，可以为这种蜕变提供空间。即便是熟悉的地方，若以一种不同寻常的视角来呈现，也可能催生这种变化，这种轻微的转变促使我们以不同的眼光看待它们。同样是城市，凌晨时分冷冷清清，是早起的鸟儿或夜猫子的乐园；同样是海滩，隆冬时节却是另一番场景……佩雷克曾试图"穷尽空间"，反过来，我们可能也想尝试"穷尽自己"，通过体验不同寻常的事物，看看这种视角的变化是否会催生出新的东西。

我们宛如一群候鸟，总是被其他地平线上的阳光所吸引。但这不是一个逃离的问题，也不是一个简单的不同阶段间的更迭。我们要依靠际遇、地点和空间（城市、荒漠、书籍、音乐等），让我们产生不断前进的动力，包括创造力、革新力，以及产生意想不到的东西。我们需要沉浸在这种现实或者想象的空间里，拓宽定义我们的边界。吉尔·德勒兹和菲力克斯·加塔利在《千高原》中写道：

"现在，终于，我们打破了这个圈子，我们敞开它，让别人进来，我们召唤别人，或者奔向外界，我们勇往直前……我们冒险，我们即兴发挥。"

因此，我们必须摒弃将某个地方视为自己的私有财产、一个排他性空间、一个固定位置的梦想。正如卢梭所说，圈定自己的领地是危险的。位置的问题，本质上是身份的问题，它与财产和所有权是分离的。我们的空间存在于内心深处，我们在内心承载着它。然而，作为一个鲜活且可塑的空间，如果它不能从对其他地方的憧憬中汲取养分，就有缩小的风险。也许我们仅仅需要一个中立的区域，一块空地或一个未被开发的空间来创造我们内心的这个地方。

声音包围圈

家不是预先存在的：需要围绕脆弱和不确定的中心画一个圈，并组织出一个有限的空间。

——吉尔·德勒兹和菲力克斯·加塔利
《千高原》

我们像动物一样，用微弱或不易察觉的迹象勾勒出我们领地的轮廓。与它们一样，我们有时也把这些标记具体化。小时候，我们用指尖在沙子上描绘，用粉笔在柏油路上勾勒。我们每个人都在自己的周围画了一个圈，即使这个圈是看不见的。夜晚，被黑暗吓到的孩子通过唱歌来安慰自己，他在旋律中寻找庇护，借助它来确定方向。德勒兹说，歌声"就如同混乱之中出现的一个安稳、平静、让人心安的中心轮廓"。歌声、音乐和带有人类气息的声音使空间不再那么冰冷，也不再那么令人不安。当空间失去形状时（比如在深夜里），它们就会赋予其形状。如果说我们开着收音机或电视机，或者沉浸在文字和声音的洪流中，又或者在电梯里播放自己的音乐，就是为了用熟悉的声音和存在的痕迹去改变令人恐惧的空间。我们不断地在自己周围制造声音包围圈，保护自己，标示出自己的领地。我们必须感到特别安全或自信，才不会在房间或会面中制造噪声，才能够平静地忍受沉默的考验。

戴耳机听音乐，不仅仅是为了待在自己的小世界里，将自己从世界中抽离出来，更是为了鼓起勇气在这个世界中自我封闭，拒绝任何打扰，让自己远离这个世界。这也是一种向世界注入一丝熟悉感的方式。有些地方似乎充满敌意，而音乐能够让它们不再那么令人不安。在这些地方增添一些不断重复的旋律或节奏，可以让我们能够接近它们、驯服它们。

我们总是在自己的周围画着圈圈，这些圈圈构成了声音或情感的屏障，它们是我们心中的安全边界，也是我们的定位标志，将我们与他人、熟悉与陌生区分开来。在人生的不同阶段，我们会重新划定这些边界。我们的社会和情感生活远比我们的地理迁移所表现出来的更漂泊。在塞日或是京都，我们的内心发生了什么变化？我们内心的流离绘制出了一幅混乱、荒谬的地图，一旦我们走出那些"令人安心的广场"，这个我们熟悉的小天地——无论是地理上的、社会上的还是情感上的，无论是有意识的还是无意识的——我们就会画出新的圆圈，占据新的空间。

思考变迁

无视变迁的思想会是怎样的呢?那将是一种故步自封的思想,将是一种期望事物一成不变、对感性世界无限多样性缺乏宽容的思想。

——让-贝特朗·彭塔利斯《穿越阴影》

米歇尔·福柯在其关于"其他空间"的文章中,对空间概念的简短历史进行了回顾,并将人类的位置或地点问题视为一个当代问题。他说,"我们正处在一个空间以位置间关系的形式来呈现的时代"。他强调,这既是一个人口问题,也是"一个必须思考应保留何种邻里关系以及哪种人类要素的储存、流通、定位和分类方式的问题"。福柯在1964年发表这一演讲时，空间尚未完全去神圣化，公共空间与私人空间、家庭空间与社会空间、个人空间与职业空间之间的区别仍然存在。如今，边界不仅相互渗透，而且正在逐渐消失，新的技术使空间上的某些迁移成为可能，而新冠疫情则加速了这一迁移的速度。各种位置不断重叠。私密领域被工作空间侵占，工作区域进入了客厅甚至卧室。这些导致空间的混淆，以及角色与人物的混淆和身份的混淆。体现关系性质的适当距离变得难以评估和维持。个人生活本身已经超出家庭范畴，在虚拟世界中得到暴露或展示，这似乎正符合福柯所描述的乌托邦逻辑。福柯在谈到镜子时指出了乌托邦的逻辑："我在那里，在我不在的地方。"我们可以重复他的话，看看它们是多么贴切地描述了这种远离世界和自我的状态，以及不断虚拟化所产生的非现实感。就像镜子一样，虚拟图像"使我在凝视自己的那一刻所占据的位置（福柯指在镜子里，我们想说在这个图像上），同时绝对真实又绝对虚拟"。我们在这些乌托邦式的空间里寻求庇护，与我们自己"无序、布置混乱和没有条理的空间"相比，这些作为"补偿"的空间"完美且井然有序"。这些福柯未曾经历但让我们能够思考的幻觉空间，是我们对"人类生活被隔离在其中的所有位置"的一种欺骗性回应。

福柯对空间进行了分析，在向巴什拉的宏大作品致敬之余，也提出了自己的观点。他建议研究那些外部空间，那些"侵蚀我们的生活""撕裂我们"的空间，即那些具有政治和社会属性的空间，而非那些内在的、私密的、情感化的空间。在此，我们试图阐释应如何重新思考伤害我们的外部空间与抚慰我们的内部空间之间的区别。内部空间与外部空间之间的关系不断震荡，充满紧张感。在我们看来，为了思考我们所占据的位置以及渴望拥有的位置这个问题，应尽可能地将两者结合起来考量。其中包括我们的位置变迁、地理方位、社会和政治地位，以及有时我们被置于这些位置时所产生的暴力问题，等等。有时候，我们会在违背自身意愿的情况下，被强行安置于处于社会边缘的机构、医院或养老院中，或者我们在社会或家庭象征意义上的位置。所有这些因素在一定程度上表明了我们能够占据的位置、为我们保留的空间，以及在这个世界上被神圣化或被禁止进入的空间——六十年后的今天依然如此——仍然是"无序的、糟糕的和混乱的"。

我们所渴望的这个地方，既是现实的也是内心的，让我们感到自己真正属于这里。在这里，我们所属的圈子与我们的"归属"部分重叠，但从未重合。一个人若不融入社会空间就找不到自己的位置，也不会觉得自己属于某个指定的地方，随着生命历程的推移，我们的位置也在不断变化。归根结底，这既涉及迁移，也关乎位置。

我们有时也需要为自己发声，通过发声来占据一席之地。正如德勒兹所告诉我们的，领土也许最重要的是声音。在我们能够发声的地方，在我们让自己的声音被听到的地方，我们宣告自己对这个地方的权利，为自己塑造一个位置，并征服它。

位置之用何在？

我们所能占据的最糟糕的位置就是我们自己。

——蒙田《随笔集》

世界上或许有极为明确的规则：每个人都有属于自己的位置，这取决于其自身占主导地位的元素。若一个人属土，便会扎根于土地；若一个人属天，就会升向天空，若天空不可得，便升向高山。若一个人注定要生活在水上，那其将始终处于不稳定的平衡状态。那么，一个如火一般的人，又将生活在哪里呢？

我们憧憬着一个地点，一个明确的位置，它不仅契合我们，还能表达我们的心声。然而，这样的憧憬揭示了几个问题：不断的流浪使我们变得脆弱，我们的生活状态充满了不确定性，我们的人生也充满了未知。就像乔治·佩雷克所说的那样，如果我们期待有一个稳定的地方，那是为了逃离充满危险的历史，为了逃离被遗弃的恐惧，因为一个封闭的空间能让我们得到安宁，避开生命的脆弱，这比任何建筑提供的庇护都要多。为了避免这种"空间就像沙子一样在手指间流逝"的感觉，我们需要一个地方，一个真正的或者想象中的地方，我们可以蜷缩在那里。

法国哲学家加斯东·巴什拉指出，"每个人都需要一个巢，每个人都需要在自己的房子里有一个属于自己的角落"。也许，尤其是在一个飘浮不定或摇摇欲坠的世界里，当世界似乎在我们脚下崩溃时，这点尤其重要。但是，也正因为我们的存在似乎是

"不确定和犹豫不决的",所以我们会被某些空间所吸引,而这些空间塑造了我们,勾画了我们的轮廓,巩固了我们的状态。这些空间把我们自己塑造成一个角色,给予我们相应的社会地位,这个社会地位确定了我们的边界。这样,我们从外界定义了我们的生活。这个地方让一个模糊的自我逐渐成形。然而,它似乎对我们一无所知,只知道我们被卷入了一场任意的位置游戏,在这场游戏中,每个人,就像在马里沃的戏剧中一样,都可能变成与他或她在这场社会喜剧中被指定的角色截然不同的人。

当我们出于出生的机缘、历史的束缚、厄运等因素,被钉在某些地方时,这些地方就成为负担或牢笼。米歇尔·福柯在《规训与惩罚》一书中指出,在等级森严的社会中,"空间被分割……每个人都被固定在自己的位置上……每个人都被关在自己的笼子里",每个人都"被分配自己的'真实'姓名、'真实'地点和'真实'身体"。在这种无情的社会空间框架里,人们无限期地原地踏步,完全不受重视。而为了逃离这种社会空间框架，或者是害怕陷入这种愚人游戏，有些人选择出走，逃之夭夭。他们这么做，就是为了逃离一个已经被定义好的地方，或者逃离这样一个封闭的规则体系。

然而，无论是为了呼吸新鲜空气，还是为了逃离那些过于狭窄的空间，我们能够理解这种走出框架的必要性。我们不难找出那些自己渴望逃离的地方，即那些贬低我们、将我们污名化、让我们变成透明人的地方。这些地方是我们不情愿继承下来的，没有人想要，我们被困在其中，这些地方是我们曾经谴责的地方。我们知道"每个人都处于自己位置"的所谓"正常"世界是多么可怕。在这样一个世界里，任何偏离正轨、试图逃离躲避的举动，结局都会像希腊悲剧一般。这种社会中的暴力和不透明，正是某些社会群体所抵触的东西，如作家唐吉·维耶尔在社会类小说《被称为女孩的人》中所描绘的女孩儿，还有那些希望摆脱困境的人，以及那些拳击场上疲惫不堪、苟延残喘的拳击手，这些人努力战斗，直至精疲力竭，但一切都是徒劳。

离开，意味着渴望拥有另一片视野，抑或是为求自保。但离开并不能保证一定能逃离被指定的命运。正如法国哲学家芭芭拉·卡森在其关于怀旧的文章中所说："自《尤利西斯》以来，每一部奥德赛都是对身份指定的一种叙述。"无论我们在地理上或象征意义上走得多远，这段旅程都不过是一次漫长的循环，它最终都让我们回归自我，并出乎意料地确认了我们的根。因为我们曾经居住过的地方，已经深深烙印在我们的身体里，刻在我们的记忆中，所以有时候，我们会发现自己对一些地方或空间恋恋不舍。这就是让-克里斯托夫·拜伊在他的文章《在异乡》中唤起的"原籍地情感"，有时候，只有在离家千里之外的地方，这种"家"的感觉才会更加根深蒂固。拜伊本人也有过这样的经历，当他前往纽约，看到所拍摄的索洛涅的画面时，他发现"在一个逃离的计划中……有一种故土之情"，一种归属感和熟悉感同时存在的感觉。这个地方的"背景",它烟雨蒙蒙的氛围,它的河流景观,画面中的面孔和声音,拍摄者都了如指掌。他说,"他来自那里"。我们就是由这些最初的地方编织而成的,童年的声音和情感在我们心中产生共鸣。

这些最初的元素,这些熟悉之地的隐秘痕迹,对我们而言依旧十分敏感。这些最初的情感,在我们自以为已经将其遗忘之时,又回来了,这些从过去浮现出来的地方,有时会有一种足以压倒我们的力量。当这种情感要素以欲望的形式呈现时,它会使我们难以招架,甚至剥夺我们的一切。它既把我们带回到早已被我们抛在身后的旧地,也能把我们从新地方驱逐。我们被生活撕裂,生活的轨迹还在继续,但同时又一分为二。我们因欲望而颠沛流离,正如我们内心深处一直在颠沛流离一样。对夜晚以及我们的睡梦进行研究可以发现,我们始终都在幻想拥有一个稳定地点,而在我们的睡梦中,关于地点的梦境不断变幻、压缩,时间、身份和空间都陷入混乱之中。梦境是在不断变动的,我们应该害怕在梦中迷失吗？在梦中，我们或许比清醒时更有活力。我们的精神生活就是由这些无休止的内部变化、从一个极端到另一个极端的紧张状态所构成的。在无意识状态下，关于地点的主题一直都是充满活力的，主体总是同时处于多个不同的位置。我们可能永远无法处于真正属于自己的位置。

加斯东·巴什拉在《空间的诗学》一书中说道："我们处在我们不在的地方。"

也许更根本的原因在于，我们总是处于一种"溢出"状态，不断超越我们所处的地方，存在于他处。巴什拉说，"在那里的存在，是由一种在别处的存在所支撑的"。如果说我们试图逃避什么，那么或许就是这种踌躇不决，这些内心的涌动，最终构成了我们的本质。这两者之间的状态是一种撕裂还是一种动态平衡？正如笛卡儿所宣称的，一只脚在此，一只脚在彼，这不正是我们自由的快乐形式吗？

笛卡儿在1648年7月致瑞典女王克里斯蒂娜的信中说道："就像我现在这样，一只脚在一个国家，另一只脚在另一个国家,我觉得我的处境非常幸福,因为它是自由的。"

毫无疑问,我们需要多个空间来生活,并相信自己是自由的。我们需要其他的地方、临时的或者过渡性的地方,在那里,我们可以卸下一点自我,从做自己的疲劳或习惯中解脱出来。也许我们不应该希望有一个地方,而应该为不属于任何地方、不固定在任何地方而高兴。这样,没有属于自己的地方就不是一种痛苦,而是一种自由的体验。被永久地分配到一个地方,难道不是最糟糕的惩罚吗?蒙田说:"我们所能占据的最糟糕的位置就是我们自己。"新的地方让我们焕然一新,难道我们不感到欣喜吗?我们的存在在于动力、在于运动,而不是建立、居住、拥有。

这个"别处"也存在于我们内心。它的运动可以表现为一种内心的摇摆或突破,通过这些方式,我们内心能够容纳他人的空间被打开了。这样,我们就会想拥有一个比我们现在所占据的空间更大的内心空间。这个空间是灵活的,是可以放松的,是一个不仅仅属于我们自己的空间,在这里我们可以理解他人。我们不能总是设身处地为别人着想,因为有些地方是无法取代的,有些经历是无法想象的。我们的位置并不总是可互换的。我无法把我的余生给予你,把我的能量、我生活中的喜悦和希望传递给你。在这种情况下,我们彼此完全分离,我们无法帮助或拯救那些对我们来说最重要的人。无论是幸福还是悲剧,他们都是不可替代的。

然而,我们能够在内心深处为他人留出空间,去容纳他们的经历、思维方式和感受。这就是法国哲学家亨利·柏格森所说的"心灵的优雅"的精髓所在,审慎且克制地将所有的空间留给我们的对话者。接纳他们的观点,站在他们的角度去思考,这不仅仅是展现慷慨,更是在丰富我们的生活,通过他人的体验过多样的生活,这些人对我们来说不再是外在和遥远的,而是亲近和可感知的。尽管这些并非我们直接的生活经历,但有那么一瞬间,我们可以设身处地地为他人着想，更好地理解、支持和关心他们。因为我们站在了他们的位置上，或者更准确地说，因为我们已经将其内化，使其成为我们的经历之一，这样不仅丰富了我们的生活，而且没有造成任何侵扰。无论是生者还是逝者，无论是真实人物还是虚构角色，都在我们内心占有一席之地，正是在这些认同的过程中，我们的生命才有了深度。

我们在多大程度上选择了自己的位置？我们偶然发现自己所处的地方，或者权威机构分配给我们的位置，在多大程度上定义了我们？我们不妨像蒙田那样自问：是否应该像变色龙或者像章鱼一样，随遇而安，根据环境给自己着上喜欢的颜色。蒙田总结道："如同变色龙，我们可以改变我们的激情；如同章鱼，我们可以改变自己的行动。""染上我们喜欢的颜色"，可能并不意味着被动地适应环境，而是通过我们外在的变化来创造环境，而不是仅仅融入其中。在这个过程中，我们将接受可见性或创造不透明度，自己决定是被看见还是消失，而不是让位置决定我们的存在方式，不让框架限制我们。不去忍受或者成为生活中的事件希望我们成为的样子，而是自主决定环境，走向特定的空间，看到它们对我们产生预期的效果。一个地方的可能性，无论是真实的还是象征性的，难道不应由我们来尝试吗？

那么，对每个人来说，是否存在一个恰当的位置或者一系列的位置呢？无疑，要想在自己的位置上感到自在，需要运气、毅力、勇气，或许还需要一点鲁莽。在位置的棋盘上，我们会错过一些机会，狂风会吹走游戏的棋子，愤怒会将它们扫走。但是，没有向前、斜行或后退，就没有棋局，正如没有迂回和岔路，就没有我们。我们的位置就是这样一个地方，它承载着所有这些内心运动所带来的震动与冲击。

有时，我们必须顺风而行，随波逐流，偏离路线以便通过另一条路返回。最短的路线不一定能带我们到达我们想去的地方。我们甚至不确定自己是否真的知道该去往何处，我们并不是总能轻松地在不稳定的情况下保持平衡。我们有时会笨手笨脚。有时，我们不一定能达成目标。又有时，我们很快就放弃了。这是另一种错过目标、错过自己的方式。我们可能需要在一个地方徘徊很久才能真正占有它。我们徘徊，我们揣测，我们接近。有些鸟儿会在它们最终栖息的树木上空画着大圈。同样，我们可能需要绕着一个地方走一圈，才能看到哪里有裂缝，哪里是我们可以溜进去的地方。我们并不总能从正门进入，因为我们并不总是受欢迎的。设身处地为别人着想，融入但不占有。不要希望这个地方属于我们，而是希望它能让我们成为我们自己，允许我们释放尚存的潜力。因此，那些能说明我们身份的地方，往往就是能保留其发展痕迹的地方，也就是能保留其地理位置、社会和情感、那些可见与不可见的历程的地方，那个能把我们带到这里的地方。

在边缘处

> 但是,在生活中,随着时光流逝而写下的文字在哪里,它的边缘又在哪里?
>
> ——让-贝特朗·彭塔利斯《爱的开端》

理想情况下,这本书应该以手写的形式出版。如此一来,文字也能在书页上找到其恰当的位置,进而呈现出能够对文字进行补充且超越文字所能表达范畴的内容。理想的情况是,文本的形式本身将展现出比文本意义更多的东西。我们本应想象一种随着分析过程逐渐展出书法般形态的文本,或者说是一本能够缓缓铺陈出思考景象的卷轴。

因为一种思想往往首先需要在空间里排列，然后再以一定的节奏展现在纸上。这个过程可用的方式并不多，包括如同呼吸般的逗号、字符间距、回行、换行等。这是一种跳跃性思维方式的小型编舞，与线性思维方式不同，章节顺序的安排就像许多小片段，既合乎逻辑又必要。最终，我们会得到一本看似有序、页面连贯，并愚蠢地按顺序出版的书籍。但是，它的最初形式——读者无法看到的状态——却是一团乱麻，由各种不同的小记事本、彩色草图、涂改过的纸片、各种小纸条、色彩鲜艳的便利贴、草稿等组成，这些杂物占据了图书馆、家庭住所和酒店房间的不同书桌。严格来说，要抄录这些杂乱无章的书写结构，需要一本由上千张纸叠加而成的书，就像很多层一样。这些杂乱无序的办公桌，因为不同笔记之间的偶然而共存，在理性会将它们割裂开来的地方产生了联系和呼应。也许我们应该接受生活的混乱，因为这种混乱会带来令人愉快的结合和富有成效的碰撞。

在乔治·佩雷克的《空间物种》一书中，有一个特意设计的插页。这本书以活页形式出版，出版商把插页放在书的开头。读者可以把这个插页当书签用，改变其原本的用途，在阅读过程中把它放在不同的位置。读者也可能会认为它无足轻重，仅看下标题便将其丢弃，而不会花时间真正去阅读它。在这本探讨书籍空间的书中，我们又该选择在哪里插入佩雷克所说的插页呢？或许，插入的那一页是最吸引我们的那一页。插入意味着引入、夹入、混合，但也是播种、嫁接、植入、灌输。从更深层次来讲，它意味着让人们参与到创造性活动之中。有时候，我们所做的只是悄悄地、谨慎地将自己插入一个群体之中、一个系列之中、一个框架之中。但有时候，我们最终会在其中留下自己的印记，或者更确切地说，我们引发了一种动力，带动了其他人，并鼓励他们为自身的行动注入能量。这正是教师或者作家们的抱负所在，他们希望他人能够超越自己所处的位置，多去其他地方看看。

因此，我会深入阅读一本书。我在书上留下阅读的痕迹，以及与书中故事产生的共鸣。我在书上做批注，画重点，在空白处写字。我赋予它一个特别的外观，使其成为我的专属。毫无疑问，我们的存在就是由中心文本与我们在边注之间的对话所决定的。我们永远不会与我们人生的故事完全重合，我们也在旁边、在留白的页面空间中通过标注来构建自我。这就是不走寻常路的魅力。我们需要重读那些边边角角、文字的低吟，还有那些空白的页边所记录下的反馈和评论。在这些地方，我们对刚刚理解的东西娓娓道来，在这里，我们记录下我们的赞赏、同意、惊讶和不理解。有多少对话发生在书本的页边，又有多少对话发生在我们生活的边缘？回过头来看，有哪些东西在回顾时会被当成核心，而当初我们却因天真或谦逊而将其视为边缘？